不断食汤谱
7天喝出易瘦好体质

国际药膳师［日］冈本羽加　著
张真真　译

江苏凤凰美术出版社
全国百佳图书出版单位

“控制不住自己的食欲”“讨厌耗时过久才能做好的食物”
“生活作息不规律，没时间”，
相信大家在减肥时都会遇到这样的问题，

有了这本汤谱，

这些问题都迎刃而解。

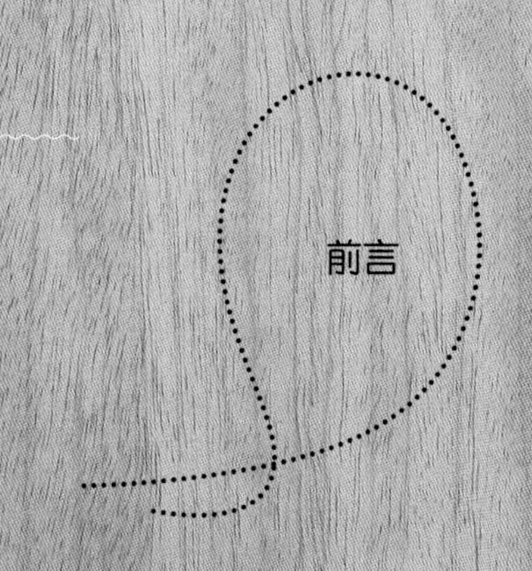

瘦身汤的制作方法十分简单，
只需要煮熟厨房里常见的食材即可。

怎么吃都可以。
吃得再多也不必担心。

越吃越能依靠蔬菜的力量排出体内的毒素，
改善体质。
让你重生为易瘦体质。

而且，**一碗瘦身汤里含有250g蔬菜。**

给你的身体补充足够的维生素和矿物质，益处颇多。
是名副其实的魔法汤。

这是过去我们用六种蔬菜熬制的汤。这次，我们仅用四种蔬菜制作了更加简单的瘦身汤。

过去，我们制作的瘦身汤，广受大家的好评。

如今，我们又研制了
升级版瘦身汤！

它的减肥效果一如既往，而且对于辅助治疗便秘、寒症、肩周炎等病症效果显著，
被这些病症困扰的各位，强烈推荐哦！

从今天开始食用
瘦身汤吧!

目录

2 前言
6 本书的使用说明

54 专栏 1
帮你健康地瘦下来
温和的中医基础

92 专栏 2
循环血液和能量!
激发细胞活力、提高代谢的呼吸法

1 第一课

7 越吃越瘦，越吃越漂亮!
瘦身汤是?

---- 基本计划篇 ----

8 用蔬菜的瘦身力量排出体内毒素! 吃美食，燃脂肪!
瘦身汤采用五种常见食材即可制作

10 明明是蔬菜汤，为什么能减肥呢? 秘诀是?
瘦身汤是让你毫无压力感的终极减肥汤

12 只需切好蔬菜，咕嘟咕嘟煮熟即可。简单却非常美味!
瘦身汤的做法

14 立刻提高减肥成功率! 最大限度地引发瘦身力量!
一周瘦身 瘦身汤的食用方法

16 自由调味! 提升健康效果!
瘦身汤的可调整配方

22 喝瘦身汤，瘦得漂亮，瘦得健康!
一周基本计划日程

24 让你重生为易瘦体质，检验瘦身汤的力量!
研制了瘦身汤的我也取得了减肥的巨大成功!

26 检验瘦身汤的效果!
“减肥成功!”的声音不断传来!

2 第二课

29 添加辅助食材，
进一步提高减肥效果！
不同体质用不同的排毒食材，强力重启你的身体
---- 强化计划篇 ----

30 你的体质是？
添加辅助食材，
强化瘦身力量

32 诊断！用雷达图表计算总和
判断你现在的体质吧！
气虚型·血虚型·阴虚型
气滞型·淤血型·痰湿型

46 用酵素的力量改善体质！
蔬菜 & 水果
酵素果汁　酸味饮料
苹果胡萝卜汁
猕猴桃酸味饮料
山药黑芝麻汁·黑芝麻香蕉汁
西柚生姜汁·小油菜和黄豆粉的豆乳饮料

50 用酵素果汁提高瘦身效果！
一周时间让你越来越瘦！
瘦身汤和酵素果汁的食用方法

52 用瘦身汤和酵素果汁进一步提高瘦身力量！
一周强化计划日程

3 第三课

57 米饭和小菜配套吃，
效果更显著！
给你带来健康和魅力的“+α”配方
---- 帮助计划篇 ----

58 满载美丽和健康！
漂亮和神采奕奕
的饭桌是？

60 对便秘、美肌、减肥具有显著效果！
超越糙米的酵素糙米是？

62 用电饭煲就可以做出美味的酵素糙米！
酵素糙米的制作方法

64 瘦身汤+主菜、副菜，提高营养价值！
肉、鱼虾贝类
和蔬菜的珍藏食谱

80 想进一步了解这个问题！
瘦身汤
“不知道怎么办才好？”
的 Q&A

94 把瘦身过程记录下来！
瘦身汤
立刻变瘦的一周日记

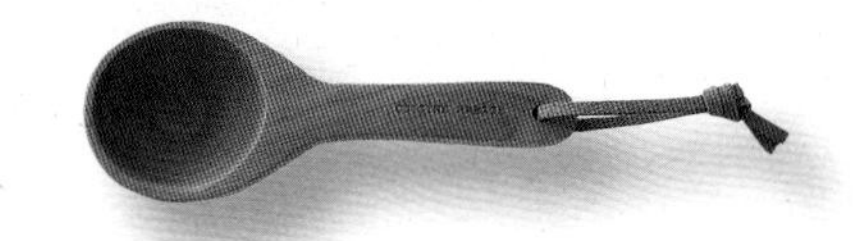

本书的使用说明

* 瘦身汤减肥法与一般的减肥方法相比,其中“一定不能做”的规定相对较少。只要把它当做每天进餐的一部分食用,就可以自然而然地实现减肥的目的。肠胃不好的人，或者身体不适时，一定不要勉强自己开始一周基本计划和一周强化计划。请根据自己的身体状况进行调整。

* 瘦身汤的材料 :3~4 顿是比较容易制作的分量；做 6~8 顿时，需根据份数增加材料的用量。但是，汤汁请大致控制在能够浸入材料的范围内。

*在分量的标记中，一杯是 200mL，一盒是 180mL，一大勺是 15mL，一小勺是 5mL。

* 调味料中盐使用的是天然盐。味噌没有特别要求，可根据自己的喜好进行制作调整。汤汁是用海带和鲣鱼干熬制的汤汁（关于调味料，请参考 P82）。

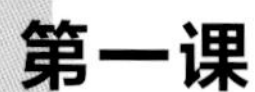

越吃越瘦，
越吃越漂亮！

瘦身汤是？

---- 基本计划篇 ----

用五种食材咕嘟咕嘟熬煮就可以食用的便易瘦身汤。

虽然材料和制作方法十分简单，但材料的美味都融化在汤里，好吃的程度绝对会让你爱不释手。

瘦身汤越吃越瘦，越吃越漂亮，是名副其实的魔法汤。

让我们一起学习做法吧。

用蔬菜的瘦身力量排出体内毒素！
吃美食，燃脂肪！

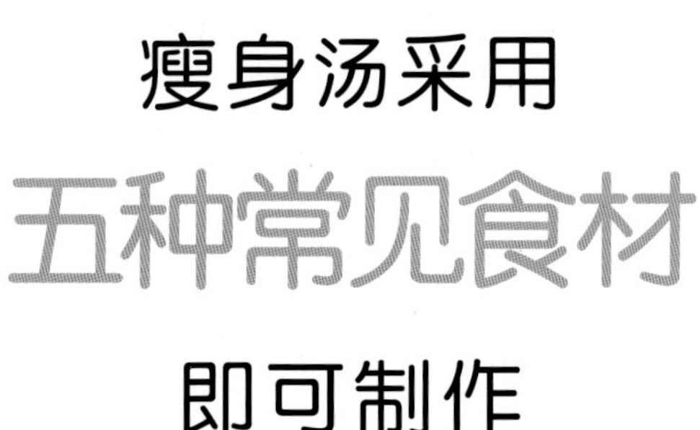

瘦身汤采用五种常见食材即可制作

即使吃得再饱，也能发挥减肥效果。

瘦身汤是由白萝卜、胡萝卜、洋葱、灰树花4种食材炖入海带和鲣鱼中煮出的汤汁，加入少许的盐和酒调味，最后仅放入磨碎的生姜制成的含有减肥效果的神奇魔法汤，做法很简单，即使吃得再饱，也能发挥神奇的减肥效果。

初食瘦身汤时，几天就能惊讶地感觉到排便通畅。持续喝此汤，除了能起到减肥的作用外，寒症及肩周炎等病症也能得到改善。大部分患病的原因在于体内毒素堆积，原本以排便的方式排出体外，但因为大便不通，毒素滞留肠道内，使得身体代谢功能下降，血液循环受到阻碍，才导致了患病和肥胖。

排出毒素，一身轻松，越喝越提高新陈代谢。

瘦身汤可排出体内毒素。加入了蔬菜、灰树花的汤里含有大量的食物纤维，能够干净地排出人体内所堆积的毒素。肠内干净，血液循环通畅，可使全身细胞活性化。瘦身汤，越食用越好，不仅能改善体内环境，提高身体代谢，也能改善便秘、寒症、皮肤粗糙、肩周炎等症状。强有力的减肥效果，轻而易举便能获得易瘦体质。

当然，瘦身汤即使对身体有好处，若不好吃也无法坚持食用下去。然而瘦身汤，是极具蔬菜美味、满足口腹的美味汤，没有比喝汤就能达到减肥效果更美好的事了。

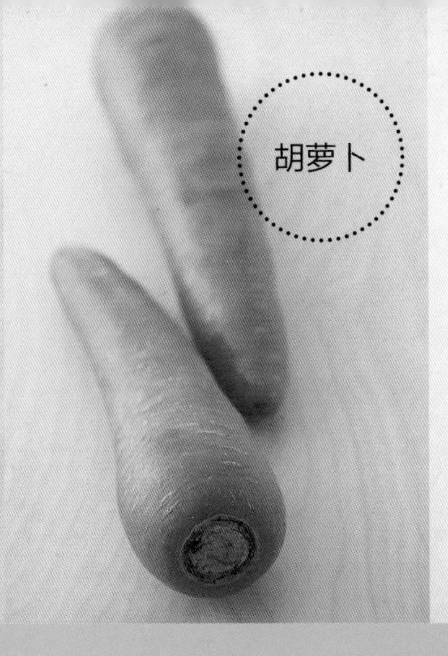

消化酶中的淀粉酶能够促进消化，帮助排毒。白萝卜的辛辣成分中含有丰富的维生素 C，可以预防血栓，具有解毒、塑造美丽肌肤的作用。

在蔬菜中，胡萝卜里的 β－胡萝卜素的含量是最高的，β－胡萝卜素具有去除活性氧的作用。它还可以有效地温暖身体，对改善寒症十分有效果。

洋葱中含有的二烯丙基二硫化物可以抑制血液的凝固，预防动脉硬化和血栓。它还可以帮助维生素 B_1 的吸收，加快新陈代谢。

5 种常见瘦身食材大集合

灰树花

生姜的辛辣成分是强力的蛋白质分解酶，具有促进消化吸收的功能。它还可以温暖身体，促进血液循环，对改善寒症也十分有效果。

热量非常低，含有丰富的维生素、矿物质、食物纤维。可以有效降低血液中的胆固醇，也可以促进肠胃的蠕动。

明明是蔬菜汤，为什么能减肥呢？秘诀是？

瘦身汤是让你毫无压力感的终极减肥汤

优点 **01** 一杯汤中含有250g蔬菜。充足的食物纤维，解决便秘问题

瘦身汤中的主角是含量颇多的蔬菜，一杯汤中含有250g蔬菜。人体一天所需要的蔬菜量是350g，一天喝两杯就可以轻松达到标准。而且，蔬菜中还有丰富的食物纤维。开始食用几天后你就会发现大便变通畅，这是体内毒素排出的标志。短时间内解决便秘问题，让小肚腩消失不见!

优点 **02** 解决便秘问题，你就会变成易瘦体质!

便秘问题得到解决，就可以使自己变成易瘦体质。这是因为，本应作为粪便排出体外的物质因便秘堆积在肠内，致使代谢减弱，血液也因此变稠。喝瘦身汤解决便秘问题，体内的废物会被排出，肠内环境得到改善，全身的细胞被激活。代谢功能增强，就会变成易瘦体质。

优点 03 强化免疫力，让你健康地瘦下去

减肥方法不同，产生的困扰就会不同。比如长痘、皮肤干燥、易疲劳等。相信也有人在担心会因为营养不良，体力下降，致使身体状况变差。关于这一点，您完全不必担心，因为瘦身汤可以改良体内环境，改善体质，进而提高免疫力。

04 材料是身边常见的蔬菜。调味也很简单，让你吃不够

瘦身汤的魅力之一就是可以用随处可见的食材制作。调味时也只需盐和料酒，让你可以享受蔬菜本身的味道。这款瘦身汤只要不放入食用油和砂糖，怎么调味都可以。您只要加入味噌、酱油、豆乳等自己喜欢的调料，就不会厌烦。不知道怎么调味请参考P16推荐的可调整食谱。

优点 05 吃得再多，也没有问题！

食用瘦身汤时，不需在意食用量。基本上，早餐和晚餐时各喝一杯，生活不规律的人可以改变一下时间，增加食用量。肚子饿也可以喝，所以完全不会让你有减肥时的空腹感！而且，午餐吃到自己喜欢的东西，也可以说是一种毫无压力感的减肥方法。

只需切好蔬菜，
咕嘟咕嘟煮熟即可。
简单却非常美味！

瘦身汤的做法

色香味俱全的窍门是灰树花煮的正好且最后放入汤中进行熬煮。还有就是充分利用生姜的香味，等到快出锅时再放入汤中。这样，就可以做出融入蔬菜力量的魔法汤。赶快试做瘦身汤吧。

【 材料 】（3~4杯的量）

白萝卜：1/3 根
胡萝卜：1 根
灰树花[*1]：两小包
洋　葱：一个
生　姜：一片（拇指大）
汤汁[*2]：4 杯
酒：少许
盐（天然盐）：少许

＊2　海带和鲣鱼干熬煮的汤

＊1　灰树花可根据自身喜好调整成一包。

1 切菜

白萝卜、胡萝卜、洋葱（去皮），切成大小适中（吃起来比较方便）。去掉灰树花的蘑菇根，胡萝卜可以带皮。

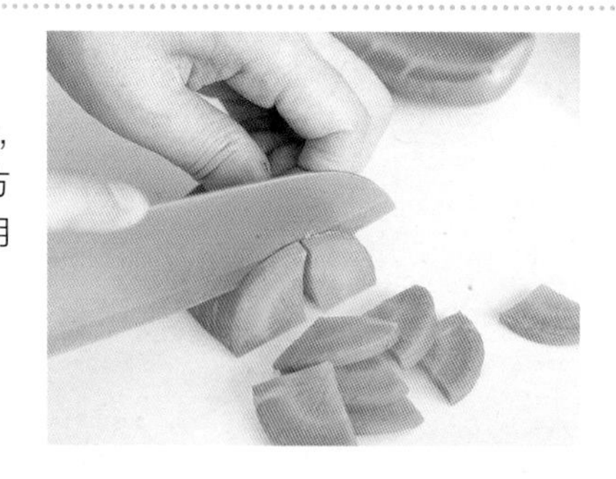

2 煮

把汤汁和除灰树花、生姜之外的步骤 1 里的蔬菜放入锅中，点火，煮开之后转为中火煮 15~20 分钟。蔬菜变软之后加入灰树花，稍微煮透。如果煮的过程中水变少，可加入适量的水。

3 调味

根据自己的口味，加入适量的料酒、盐。蔬菜的味道就已经足够美味，建议您少放点调味料。最后加入磨碎的生姜，快速翻煮。

4 完成

把步骤 3 的成品盛到容器里。如果您想尝试不同口味，可以每次取一餐的量进行调味。

一杯
250g 蔬菜
73 卡路里

早餐、晚餐各一杯!

立刻提高减肥成功率!
最大限度地引发瘦身力量!

一周瘦身
瘦身汤的食用方法

吃再多也没关系

一周时间，让你瘦下去!

仅仅把瘦身汤当作平常的用餐就可以达到减肥效果，想要更加顺利地成功减肥，可以尝试一周减肥计划。规则十分简单，只需在早餐和晚餐时各喝一杯瘦身汤即可。生活不规律的人可以在午餐和晚餐时喝，也可以增加食用量。坚持一周，感到身体变轻松后，结合自己的身体状况和食欲进行调整，一个月坚持 1~2 次。

一周时间引发瘦身力量！

瘦身汤食用三定律

1 早餐、晚餐各一杯

早餐和晚餐时各喝一杯瘦身汤；早餐只喝瘦身汤；晚餐喝一杯瘦身汤、吃一个小饭团。一杯汤不够，再多吃点也没问题。您想吃多少杯就可以吃多少杯。

2 午餐请吃您喜欢的食物

早餐和晚餐吃瘦身汤，午餐您可以随便吃米饭和配菜，肉和鱼也没问题。但是，肉请选择低脂肪、高蛋白的部位，与油炸相比，蒸煮等烹饪方法更好。推荐您尽量把米饭作为主食。

3 坚持一周时间，每天食用

先尝试一个星期吧。在这期间，排出体内毒素，做好瘦身的准备。除了体重会发生变化外，应该还会有大便变通畅、体质得到改善的感受。

想要效果更佳，请核对这些要点

饮食生活需要注意的地方

- ☑ 米饭推荐您使用带壳的米或者糙米（倘若没有，白米也可）
- ☑ 与油炸相比，肉和鱼用蒸煮等烹饪方法更好
- ☑ 请喝水、茶等不含糖分的饮品
- ☑ 控制加餐，想吃甜食时，在温水或茶中加入蜂蜜饮用
- ☑ 一周内禁止喝酒

瘦身汤！

瘦身汤的
可调整配方

瘦身汤的调味非常简单，您可以根据自己的喜好进行调味，想怎么变就怎么变。
瘦身汤不仅美味，加入的调味料还可以提高瘦身和健康力量！
从各式味噌、酱油、豆乳中，寻找您喜欢的味道吧。

在基础汤中加入自己喜欢的味道！享受更多美味

瘦身汤一次做 3~4 杯。
这个量一个人两天可以吃完，但是，即使再美味的东西，每天都吃也会厌烦。
第一天吃基本口味，第二天变换口味，享受更多美味，也可以每次吃的时候盛到小锅里进行调味。

1 取出一次的食用量

从制作好的瘦身汤里取出一杯的量放入小锅中加热。其余的瘦身汤放进密封容器冷藏保存（保存方法请参考 P80）。

2 添加喜欢的味道

给小锅加热，煮开之后改为小火保温。加入酱油、味噌、咖喱粉等自己喜欢的调味料或香辛料，快速翻煮。调味料和香辛料的量请酌情添加。

放到汤碗中后，再进行调味也可

不像步骤 1 、步骤 2 中那样把汤放到小锅里，而是把汤分放到容器中，和橙汁一起吃，或者只撒少许胡椒、五香粉也别有一番味道。

稀释血液

味噌

味噌中的成分可稀释血液，还含有丰富的可调整女性身体的异黄酮。
您还可以根据个人喜好加入五香粉。辣椒中所含的辣椒素能够提高燃脂效果。

＊在温热的瘦身汤里加入一小勺味噌，还可根据个人喜好撒一点五香粉。

缓解血糖上升

酱油

具有强抗氧化作用的色素——类黑精可以缓解血糖上升，还可以提高胃液分泌，促进消化。

＊在温热的瘦身汤里加入一小勺酱油，也可以根据个人喜好撒入葱花。

醋的醋酸或者柑橘类中的柠檬酸除了具有稳定血糖的功能外，还具有促进代谢，缓解疲劳等功效。

＊根据个人口味，在橙汁中加入绿紫苏、野姜、葱等佐料浸入瘦身汤中食用。

促进代谢！

＋醋

用超辣的调味温暖身体！

＋豆瓣酱

豆瓣酱的原料是蚕豆。除了可以加重味道外，辣椒里的辣椒素还可以提高燃脂效果。

＊在温热的瘦身汤里加入少量的豆瓣酱，快速煮开。辣味番茄酱也可。

推荐给女性！

豆乳

大豆异黄酮可以缓解骨质疏松以及更年期等症状，还可以预防内分泌失调。对于脂肪燃烧，也有帮助！

＊在温热的瘦身汤里加入大约50mL 的豆乳，用小火加温，注意不要煮开。尝一下味道，根据个人喜好，加入柚子、胡椒或黑胡椒提味。

含有丰富的酶

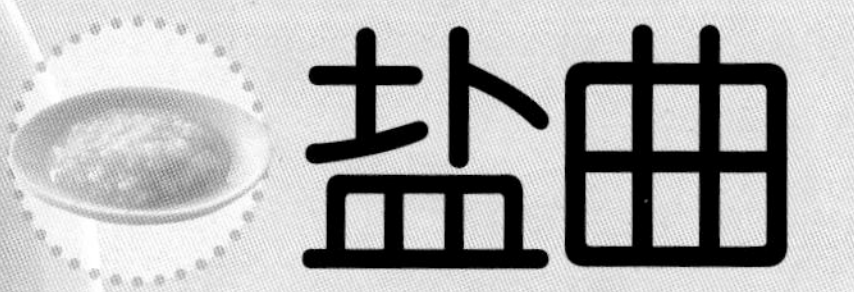

盐曲

盐曲中含有丰富的酶，是万能的调味料。加入少量的盐曲就可以增加瘦身汤的味道。盐曲中含有丰富的乳酸菌，可以增加肠内的有益菌群，调整肠内环境。

＊在温热的瘦身汤里加入少量的盐曲（日本风行的日常调料），煮透。

预防寒症

辣白菜

辣白菜里含有丰富的乳酸菌，有助于缓解便秘和改善痘痘。辣白菜还具有发汗作用，可以预防寒症和感冒。

＊在温热的瘦身汤里加入适量的辣白菜，快速煮开。

燃烧脂肪

咖喱粉

咖喱粉可以提高燃脂效果。先翻炒再放入汤中，味道更佳。

＊炒 1/2 ~ 1 小勺咖喱粉，加入温热的瘦身汤中，根据自己的口味加入少许酱油，味道更佳。

喝瘦身汤，
瘦得漂亮，瘦得健康！

一周基本
计划日程

一周时间引发瘦身力量的瘦身汤吃法如 P15 食用三定律所示。请根据日程表实行，做任何事极端都是不可取的。如果饮食的平衡突然遭到破坏，身体就会出现不适。但是，一个月内减 1~3kg 是在允许范围内的。为了健康地瘦下来，首先，推荐您尝试一个月 1~2 次循环的食用方法。不要着急，调整适合自己的减重速度吧。

确认这里

早餐、晚餐各吃一杯瘦身汤。倘若不够，再添几份都可以。也可以在午餐时食用，这时，请不要忘记要先吃瘦身汤哦。

确认这里

白天的主菜吃肉、鱼虾贝类、大豆制品等，以补充蛋白质。星期一吃肉，星期二就吃鱼虾贝类，星期三吃大豆制品，按照这个顺序，营养就会变得均衡。主食吃米饭，最好吃糙米。

确认这里

注意不要喝太多冷水（冰水）、绿茶、咖啡这些会使身体变冷的东西。推荐您喝红茶、薏米茶、玉米茶、红豆茶、黑豆茶、粗茶等。（关于这些茶，请参照 P89）。

确认这里

加餐基本上是不允许的。想喝甜饮品时，可以在温热的饮品中放一些蜂蜜。

一周基本计划日程表

	1 第一天	2 第二天
早餐	瘦身汤  想吃多少都可以	瘦身汤 想吃多少都可以
午餐	吃什么都可以 主要是  鱼虾贝类 or 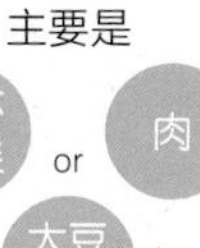 肉 大豆制品 主食选择米饭比较好	吃什么都可以 主要是  鱼虾贝类 or 肉 大豆制品 主食选择米饭比较好
晚餐	瘦身汤   ＋ 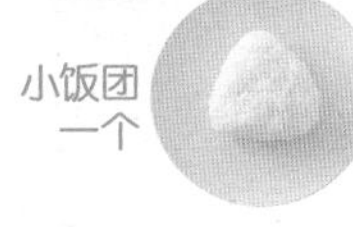 小饭团一个 选择糙米比较好 倘若没有，精白米也可以	瘦身汤   ＋ 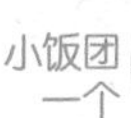  小饭团一个 选择糙米比较好 倘若没有，精白米也可以
＋α	不含甜料的饮品  想喝甜饮品时，就在温热的饮品中加入少许蜂蜜	不含甜料的饮品  想喝甜饮品时，就在温热的饮品中加入少许蜂蜜

3 第三天	4 第四天	5 第五天	6 第六天	7 第七天
瘦身汤  想吃多少都可以	瘦身汤  想吃多少都可以	瘦身汤  想吃多少都可以	瘦身汤  想吃多少都可以	瘦身汤 想吃多少都可以
吃什么都可以 主要是 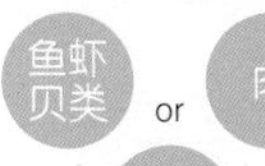 鱼虾贝类 or 肉  大豆制品 主食选择米饭比较好	吃什么都可以 主要是  鱼虾贝类 or 肉  大豆制品 主食选择米饭比较好	吃什么都可以 主要是 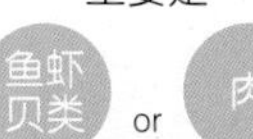 鱼虾贝类 or 肉  大豆制品 主食选择米饭比较好	吃什么都可以 主要是  鱼虾贝类 or 肉 大豆制品 主食选择米饭比较好	吃什么都可以 主要是 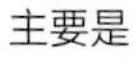 鱼虾贝类 or 肉   大豆制品 主食选择米饭比较好
瘦身汤 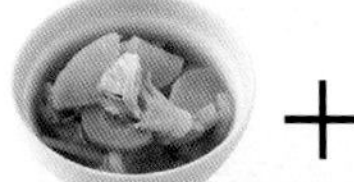 + 小饭团一个  选择糙米比较好。倘若没有，精白米也可以	瘦身汤  + 小饭团一个 选择糙米比较好。倘若没有，精白米也可以	瘦身汤  + 小饭团一个 选择糙米比较好。倘若没有，精白米也可以	瘦身汤 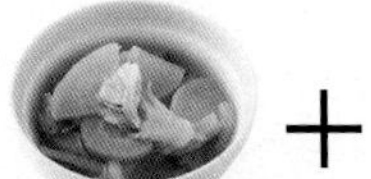 + 小饭团一个  选择糙米比较好。倘若没有，精白米也可以	瘦身汤  + 小饭团一个  选择糙米比较好。倘若没有，精白米也可以
不含甜料的饮品  想喝甜饮品时，就在温热的饮品中加入少许蜂蜜	不含甜料的饮品  想喝甜饮品时，就在温热的饮品中加入少许蜂蜜	不含甜料的饮品  想喝甜饮品时，就在温热的饮品中加入少许蜂蜜	不含甜料的饮品  想喝甜饮品时，就在温热的饮品中加入少许蜂蜜	不含甜料的饮品  想喝甜饮品时，就在温热的饮品中加入少许蜂蜜

研制了瘦身汤的我
也取得了减肥的巨大成功！

研制了瘦身汤的冈本老师亲身检验了瘦身汤中蕴藏的
惊奇的瘦身力量。
“怎么才能瘦下去？”“真的能瘦下去吗？”
大家的这些疑虑可以完全消除。

吃得再饱，也可以发挥减肥效果

因为瘦身汤会立刻见效，所以一旦开始食用，首先就会感觉到大便变得通畅。一周基本上可以减掉1~2kg。而且，可以随便吃，也可以吃米饭或肉，所以也不会有空腹感带来的不适。

为了不再有空腹感，在瘦身汤的配方上也下了功夫。以东方医学理论为基础，考虑的也都是具有暖身效果的食物组合。当人们习惯食用面包、点心、肉类、炸炒食物、含有较多糖分且味道较重的阴性食物（用东方医学的理论来说就是拥有使身体降温的性质）时，身体就会变得更加想要这些食物。渐渐沉沦于不好的饮食习惯而变胖的人也越来越多。

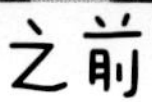

之前　　之后

肚子上的脂肪很碍事，
做瑜伽时需要费很大力气。
但现在可以轻松穿上牛仔裤了。

现在

坚持食用瘦身汤，
身材变得更加苗条。
不仅免疫力得到了提高，
皮肤也变好了！

两周轻松减掉7kg

帮你跟寒症恶循环说再见的就是瘦身汤。食用这种具有高度暖身效果的瘦身汤，身体就会跟从前一样。变得不想吃肉和点心，舌头的感觉得到锻炼，就会觉得蔬菜和糙米很美味。同时，寒症、肠胃虚弱等症状也会有改善。

以前我也非常喜欢吃面包、布丁、肉等食物，明明自己开着让大家变得健康的治疗院，明明自己一直在练瑜伽，肚子周围还是一堆脂肪。于是，我就设计了瘦身汤。当时用的食材是胡萝卜、洋葱、卷心菜、西红柿、芹菜和青椒。食用之后，我发现自己开始轻松地瘦了下来。大便也变得通畅，感觉身体也变轻了。

有了“这个不错”的想法，就坚持了下来，面包等的食用量也自然而然地变少。仅仅两周就减掉了7kg，体重变成了47kg。

我坚持食用瘦身汤、糙米和酸奶，又减掉了2kg。

之后，我又设计了一个配方，把汤的材料改成了白萝卜、胡萝卜、洋葱、灰树花和生姜。这次介绍给大家的就是这个。它可以用更加常见且便宜的材料制作，当然，瘦身力量也有更显著的提高。现在我的体重维持在44kg。

瘦身汤从营养学的角度来看也是满分。开始食用之后，身体的免疫力会得到提高，相信大家能够感觉到身体变得更加健康。“一周瘦了×kg”“小肚子全不见”，体验之后，治疗院里也有很多人这样说（请参考P26）。“短时间内同时得到漂亮和健康”，这就是瘦身汤。

检验瘦身汤的效果

“减肥成功！”的声音不断传来！

01 神奈川县
岩崎康子
（38岁·健身房前台）

晚餐时先吃一杯瘦身汤！就这样轻松地坚持下来

我生孩子之前的体重是43kg，可是不知不觉间变成了59kg。于是我就从杂志上把那些身材超棒的模特的泳装照片剪下来放在自己的照片旁，心里有着“我一定要瘦成这样”的决心开始减肥，做汤的时候也很开心。

我喜欢盐加一点酱油这样简单的味道，家里人喜欢番茄酱汁、味噌、泡菜、咖喱，就这样，每天变换口味，瘦身汤成为我们家晚餐必备一道菜。先吃很多蔬菜，就会有饱腹感，“吃饭吃得快”这种坏习惯也会渐渐消失，味觉变得灵敏了，自然而然地变得不再想吃快餐和点心，孩子们也渐渐不怎么吃零食。很久没见的朋友和同事都说“皱纹不见了，皮肤也变好了啊”，实实在在感觉自己变漂亮了。摆脱暴饮暴食的生活习惯，从今往后自己也能自信、快乐地生活了。

变成了模特身材！

02 千叶县
森谷悦子（44岁，现代灵气培训师、西藏体操教练）

在微博里公开减肥经过，向20年的重复反弹说再见！

开始喝瘦身汤的时候，我就决定在自己的博客“四叶草日记”中公布体重。“当作人生最后一次减肥”，怀着这种强烈的信念，我决定让读者们见证我的减肥作战。

因为20年间一直重复反弹，所以等我回过神来的时候，发现自己身高156cm，体重却到了53kg，我深受打击。决定减肥是在今年的1月。到现在已经过去7个月，通过做西藏体操等减到48kg，但心里想着不能掉以轻心，然后就又尝试了瘦身汤减肥法。开始食用第一个月，就成功减掉了3.4kg。

瘦身汤中含有充足的蔬菜，量也很大。味道虽然淡却很好吃，为了不让自己厌烦，我就常备三种口味的汤，然后坚持每天都喝。从1月后，总共减掉了8kg。腰也细了，身材较之前更有女人味。戏剧性的是，身体的曲线也发生了变化，成为了我人生的转折点。我从心里非常感谢这个瘦身汤。

一个月腰就变细了~~~

03 爱知县
木原圆
（36岁，主妇）

小肚子不见了，我非常满意！

原本我的忍耐力就比较强，所以至今为止的几次减肥都成功完成。但是，在体重减下来的同时，也损伤了身体。我想要健康地瘦下去，所以开始食用瘦身汤。为了不让自己厌烦，就不调味，而是直接把蔬菜放在汤汁里煮，然后变换每次的蔬菜。虽然最开始的时候因为空腹感很辛苦，但渐渐地就能够调整食用量了。

最后，便秘得到了解决，肌肤问题减少了，烦躁等精神压力也变少了，我觉得这次的瘦身汤减肥非常顺利，也很成功。从前，我觉得即使体重可以告诉别人，但绝不能让别人看自己的肚子。但现在很高兴的是通过喝瘦身汤小肚子不见了。

一个月减了 0.9kg

不能见人的小肚子也消失了。

04 长野县
本岛扬子
（27岁，事务工作）

吃再多也没问题！完全不用忍受空腹的压力！

从我常年的减肥经验来看，如果一直忍受空腹，就会因为压力而暴饮暴食。而瘦身汤不管吃多少都没有关系，感到饥饿，我就立刻喝瘦身汤。为此，我买了好几个盛汤用的便当盒，出门工作时也坚持喝瘦身汤。因为我喜欢吃辣的东西，就会把辣椒片或者辣椒粉加在汤里，我最喜欢吃的是放了豆乳和辣白菜的汤。

我还给讨厌蔬菜的父亲推荐一天喝一杯，我们一起坚持了下来。因为喝这个汤会有饱腹感，所以晚餐吃的量也越来越少，父亲的体型也变好看了。当时，我的应酬很多，所以体重并没有像我想的那样减下去。但是，我还是感觉到肠胃变轻松了，大便也越来越通畅，肌肤也越来越紧致……最重要的是，我变得能够直视自己的身体，这是一段十分有意义的时光。

一个月减了 1.7kg

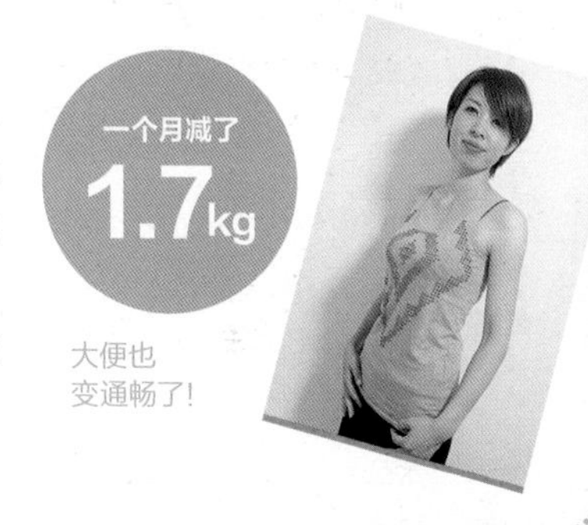

大便也变通畅了！

05 大阪府
船光男
（40岁，正骨医院院长）

午餐的份量和往常一样，一个月还是成功减掉4.9kg

午餐时吃的便当主食是米饭，主菜是肉或者鱼，副菜是蔬菜，基本每天是这样，偶尔出去吃也是跟平常一样。另外就是一周喝1~2次酒，平时喝不含酒精的啤酒或者茶。瘦身汤的调味选的是清汤、咖喱粉等。至于具体的食材，有时也会放芹菜、卷心菜、猪肉、香肠等。

瘦身汤可以让人有饱腹感，还能减肥，身体也感觉变轻松。靠自我保健来放松身体，通过吃饭来燃烧脂肪，让我快乐地瘦身成功。

一个月减了 4.9kg

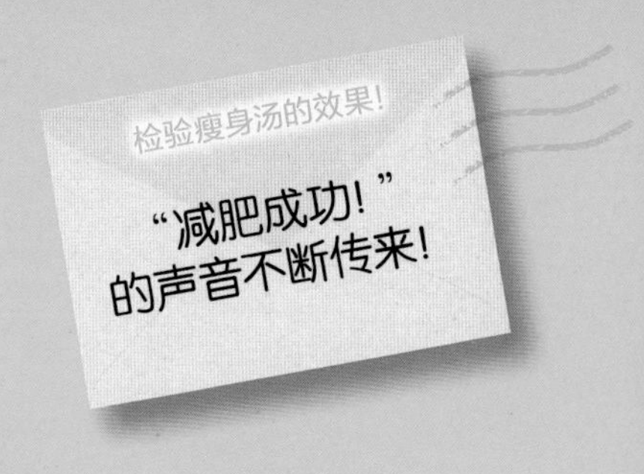

06 静冈县

水本奈美

（46岁·主妇）

虽然体重的变化较小，肚子周围的变化却……

瘦身汤作为一道菜，每天都在我家的饭桌上。偶尔也会放鸡肉进去，但基本上还是放简单易吃的食材。早上喝的果汁里放的是豆乳和小油菜，多加柠檬汁比较好喝，这是我最喜欢的搭配。减肥的结果就是体重减少了1.5kg。开始减肥的时候是盛夏，接近尾声的时候正好是我有史以来体验的第一个苦夏，有的时候没有食欲，也不喝汤，这一点很遗憾。虽然体重的变化很小，但是我感觉到肚子周围的脂肪减少了，还感觉到很久都没有感觉到的骨盆骨头！第一次遇到了能够坚持的减肥方法。

一个月减掉了
1.5kg

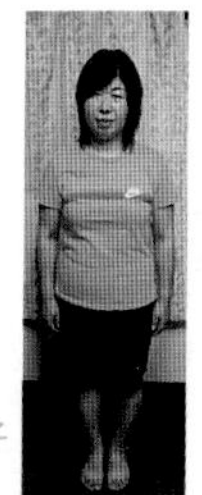

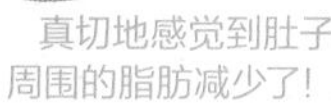
真切地感觉到肚子周围的脂肪减少了！

07 新潟县

丸山美代子

（44岁·事务工作）

依然出去吃饭，却还是轻松减掉了4kg

开始饮用瘦身汤减肥的时候，我想要注意不要减得太过火。所以有人邀请我出去吃饭时我还是去，想吃甜饮品的时候，偶尔还会吃点心。后来一吃甜饮品，不知道为什么，嘴里就变得很甜，渐渐地吃的次数和分量都变少了。为了不让自己厌烦瘦身汤，我还改变汤的味道，然后就变得对使用了化学调味料的菜很敏感。应该是舌头习惯了突出蔬菜原有味道的料理方法的缘故。自从早上开始喝果汁之后，皮肤也变好了。今后我会做运动来锻炼自己。

一个月减掉
4kg

没有减得太过火，体重却依然大幅下降！

08 埼玉县

佐藤纯子

（45岁，开网店）

身体中传来了漂亮地瘦下来了的实感……

由于我的工作是开网店，所以每天都是坐着工作。自从过了四十岁就突然胖起来，而且还一直反复，结果就导致5年时间体重增加了将近10kg。

瘦身汤喝得再饱也没问题，所以对我来说是毫无压力的减肥方法。我每次会多做一点，不调味然后保存起来，下一次吃的时候再调成自己喜欢的味道。开始两个星期，体重也没有减少，所以当时有点失落，有的时候连汤都不做。但是，肚脐附近瘦了7cm。通过坚持吃瘦身汤，我渐渐变得不喜欢味道重的东西，也不再吃甜饮品。实实在在感觉到身体瘦下来了。

一个月腰围减了
7cm

添加辅助食材，
进一步提高减肥效果！

不同体质用不同的排毒食材，强力重启你的身体

强化计划篇

基本瘦身汤中的五种食材都是考虑效果后选择的，是排毒、瘦身效果极高的食材组合。但是，如果再加上进一步提高效果的食材，减肥效果也会得到很大提高。在这里给大家介绍一下我们根据中医理论挑选，适合不同体质的辅助食材。

那么，来看一下你的体质属于哪一种吧！

用食材去除毒素

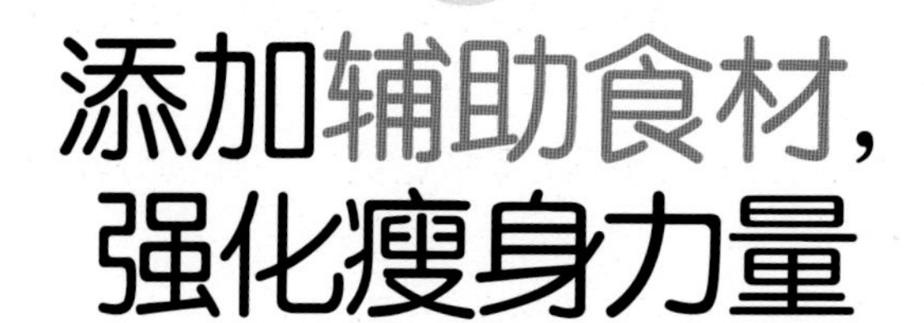

添加辅助食材，强化瘦身力量

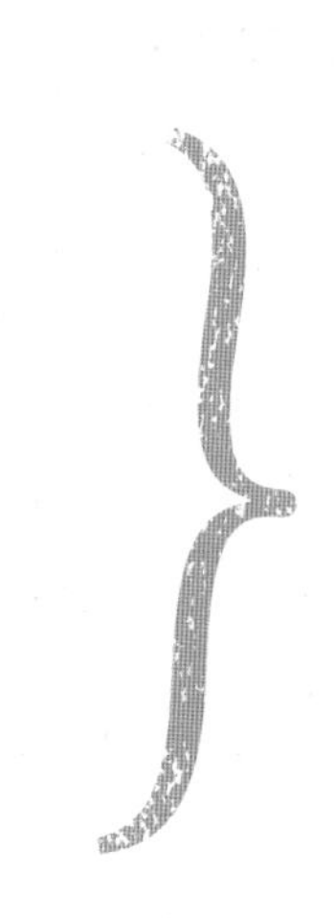

在第二课，我们按照中医里区分的体质来介绍一些食材，这些食材和瘦身汤一起喝，可以强化排毒、提高瘦身效果。先确认你现在的身体症状吧。

气虚型

序号	症状	分数	勾选
1	容易疲劳	5分	□
2	容易感冒	5分	□
3	经常呼吸困难	5分	□
4	寒症	4分	□
5	容易胃胀	4分	□
6	大便很软，容易拉肚子	4分	□
7	尿频、夜间多次上厕所	4分	□
8	舌头颜色很淡而且很大、肿胀，边缘呈齿状	5分	□

合计　　分

血虚型

序号	症状	分数	勾选
1	脸色发白，没有光泽	5分	□
2	眩晕、突然站起来时头晕目眩	5分	□
3	心悸	4分	□
4	掉发或白发增多	4分	□
5	眼花、眼疲劳	4分	□
6	皮肤干燥	4分	□
7	手脚发麻、容易腿脚抽筋	5分	□
8	舌头颜色很淡、舌头很小	5分	□

合计　　分

阴虚型

序号	症状	分数	勾选
1	头晕、发热	5分	□
2	干咳不断	4分	□
3	眼睛易干	4分	□
4	容易口渴、喜欢吃凉东西	4分	□
5	耳鸣	5分	□
6	大便很硬、或者便秘	4分	□
7	经常盗汗	5分	□
8	舌头很红，表面有很多裂纹，舌苔很厚	5分	□

合计　　分

根据不同体质，选用不同的食材

“睡觉之后还是觉得很累”“寒症治不好”“生理期肚子很痛”，这些症状相信你都有过。这些都是身体发生问题的信号。一旦生活习惯或营养均衡遭到破坏，身体里就会堆积各种各样的毒素。

瘦身汤对排出体内毒素很有效果。根据毒素的种类，准确地选择效果显著的食材和瘦身汤一起食用，可以更加提高排毒效果。

在这一章里，我们给大家介绍中医理论中适合不同体质的食材。“不知道怎么回事，就是觉得不舒服”，用中医的理论来看，大多数这种原因不明的症状都是由气、血、水的不平衡引起的。通过调整这三者而试图改善这些症状的就是中医。能够适当食用瘦身汤，就会变成易瘦体质，减肥的效率也能得到提高。

气滞型

	症状	分数	
❶	不安或烦闷、易怒	6分	□
❷	经常偏头痛	4分	□
❸	喉咙有阻塞感，不舒服	4分	□
❹	肚子胀，经常打嗝胀气	5分	□
❺	便秘和拉肚子反复出现	4分	□
❻	生理周期不定，生理期之前乳房、腹部胀痛	5分	□
❼	睡不着，经常做梦	4分	□
❽	舌头两边发红，有舌苔	4分	□

合计　　分

淤血型

	症状	分数	
❶	脸色和唇色较暗	5分	□
❷	褐斑、雀斑很多	3分	□
❸	有慢性的肩周炎、脖子痛	4分	□
❹	经常脉搏混乱、胸闷	4分	□
❺	慢性的关节痛	4分	□
❻	生理期肚子很疼、经血中有血块	5分	□
❼	下肢静脉曲张	5分	□
❽	舌头发紫，有黑色污垢似的斑点，舌下静脉很粗	6分	□

合计　　分

痰湿型

	症状	分数	
❶	油性皮肤、或者容易长痘痘	3分	□
❷	肥胖或虚胖	5分	□
❸	血液中的胆固醇、中性脂肪值很高，或者身体内脂肪率很高	5分	□
❹	觉得身体重、疲劳乏力	5分	□
❺	经常头晕想吐	3分	□
❻	痰多	5分	□
❼	容易浮肿	5分	□
❽	舌头有很厚且粘糊的舌苔	5分	□

合计　　分

判断你现在的体质吧！

用雷达图表计算总和

痰湿　　气虚

水循环检验　　气的充实度检验

30
20
10

瘀血　　血虚

血循环检验　　血的充实度检验

气循环检验　　水的充实度检验

气滞　　阴虚

example

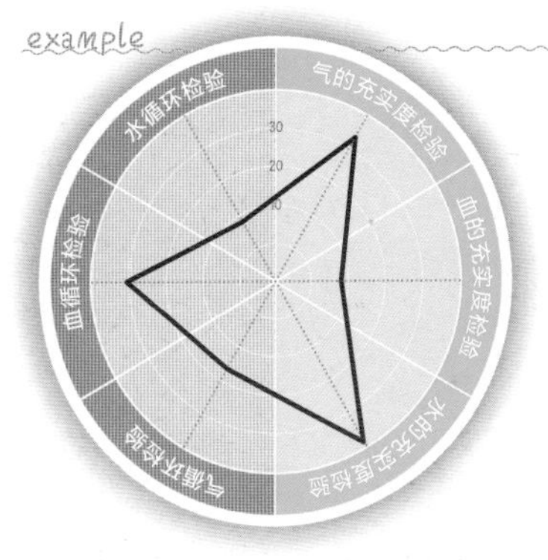

上图就属于气虚、阴虚、淤血型的体质。

从症状来判断体质。从P30~31的确认表中算出总分，试着写进雷达图表里。项目的总分越高，图表就越突出，就说明拥有哪种类型的体质。

体质不限于一种，也可能拥有多种体质。体质也不是一直不变的。它会随着季节和生活习惯的变化而变化。

虚症

气、血、水不足

气虚区突出	血虚区突出	阴虚区突出
气虚型	**血虚型**	**阴虚型**
能量供应不足	血液供应不足	水分供应不足

实症

气、血、水的循环状态较差

气滞区突出	淤血区突出	痰湿区突出
气滞型	**淤血型**	**痰湿型**
气循环较差	血液循环较差	水循环较差

如果突出的体质有两种以上?

大部分的人都有两种以上的体质。这时候，以最突出的那个体质为中心，再把其他的组合起来，进行综合判断。找到自己所对应的体质，采取相应的对策，改善体质吧!

各个项目的总分	建议
5～9分	有部分原因是因为本身的体质，但只要注意一下应该是没有问题的。试着从改善饮食和开始运动入手吧。
10～19分	放着不管，这种体质的症状会越来越严重。开始试着改善饮食，增加运动吧。
20～29分	你就是这种体质。在改善饮食习惯和生活习惯的同时，建议您接受一下中医的检查。
30分以上	你的身体应该已经出现不良状况。除了改善饮食习惯和生活习惯，接受中医或者西医的诊断和治疗吧。

气虚型

气虚指的是，因为不规则的生活习惯、过度劳累、睡眠不足、压力等导致能量不足的状态。
因为肠胃虚弱，不能消化吸收食物，容易引起食欲不振、胃胀气、腹泻等问题。
又因为免疫力较低，所以容易感到疲劳，体力下降。保证充足的睡眠，好好休息十分重要。
吃饭时，注意吃些补气和增强肠胃功能的食材。

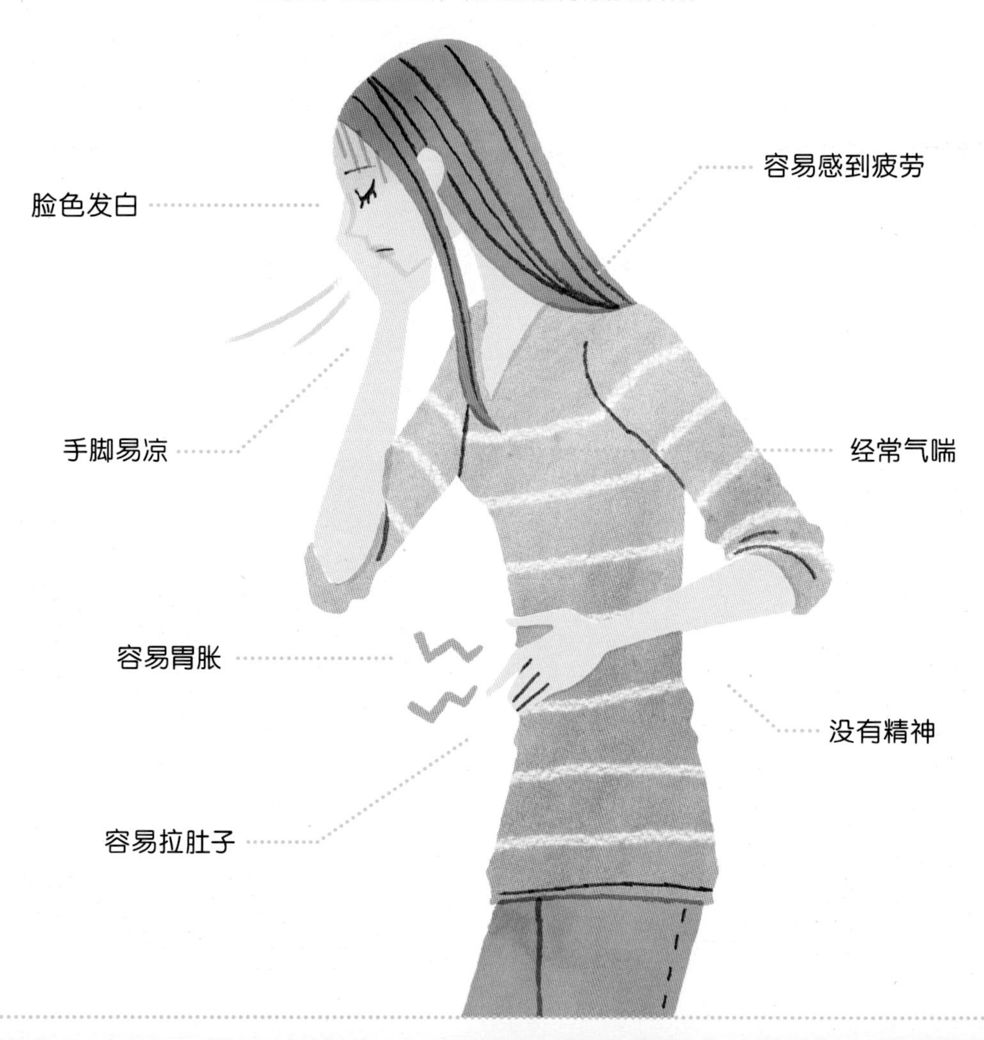

适合你的是？＋ **辅助食材**

肉、鱼虾贝类

鸡肉、牛肉、火腿、油甘鱼、鲷鱼、金目鲷、鳕鱼、鲈鱼、鲣鱼、竹荚鱼（马鲭鱼）、三文鱼、沙丁鱼、白鳝

蔬菜

南瓜、红薯、山药（家山药等）土豆、玉米、西兰花、菜花、圆白菜、扁豆、香菇、灰树花

水果和其他

桃子、樱桃、无花果、核桃、栗子、米、糯米、杂粮、蜂蜜

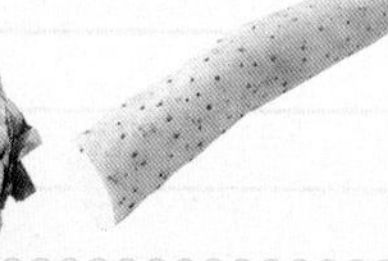

建议您补充易消化的补气食材。
选择能够温暖身体的食物，避开使身体变冷的食物。

瘦身汤＋辅助食谱

用辅助食材做点果汁和小菜吧。

例 如

家山药和黑芝麻

山药黑芝麻汁

山药可以帮助肠胃消化，
黑芝麻可以调整肠内环境。

→做法请看 P48

香菇

煮蘑菇

香菇可以改善气血循环，调整肠胃功能。

→做法请看 P77

鸡肉

鸡肉火腿

易消化吸收，不会给肠胃增加负担

→做法请看 P66

血不足

血虚型

血虚指的是向身体各个部位输送营养的血液供应不足的状态。
血虚，女性容易出现脸色较差、站起时头晕、贫血、月经不调、寒症、皮肤干燥等特有症状。
注意保证充足的睡眠，注意养生，要积极地食用补血的食材。

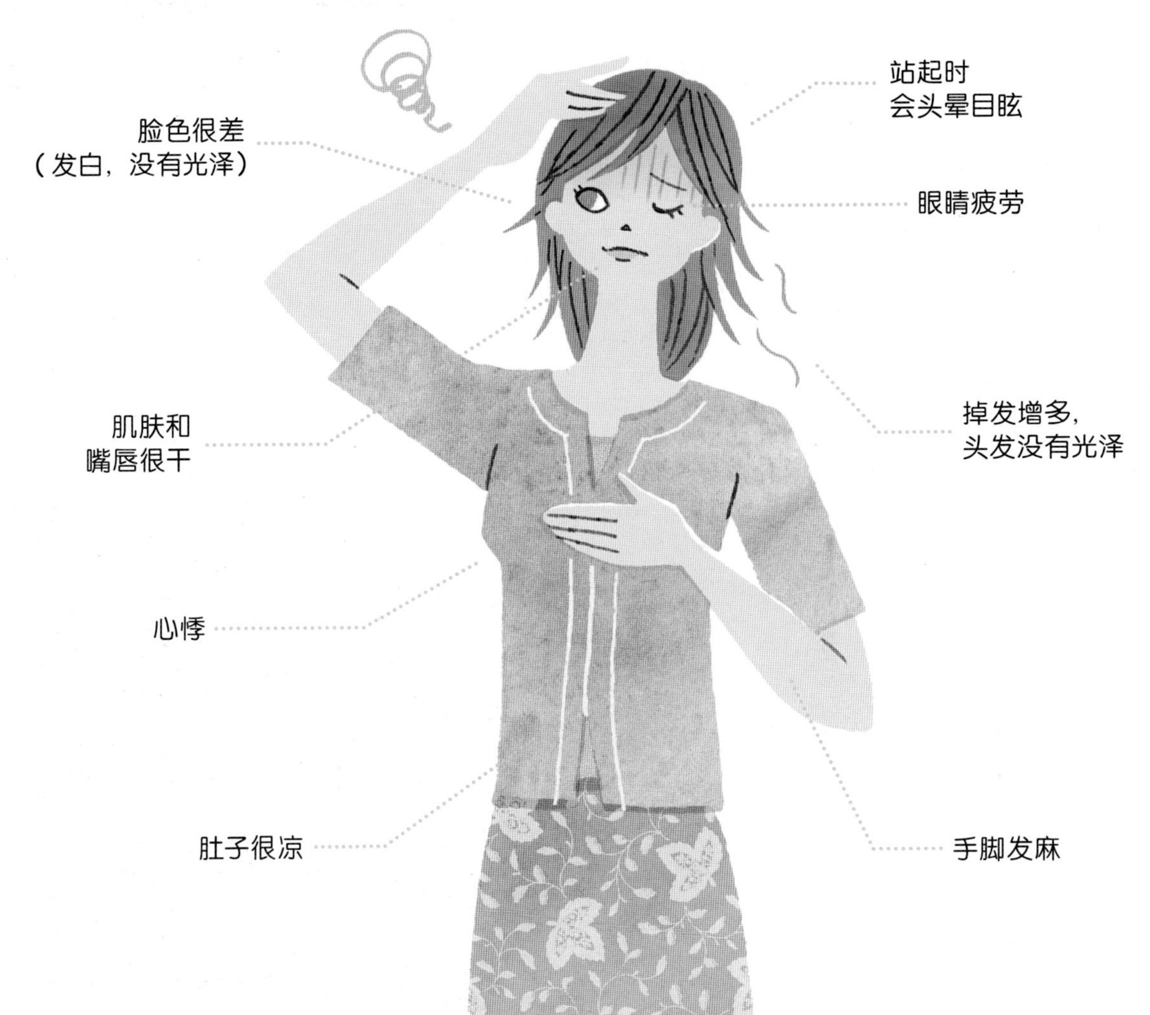

适合你的是？ ＋ 辅助食材

葡萄、荔枝、杏、鸡蛋、牛奶、酸奶、花生、羊栖菜

红肉（牛肉、猪肉）、肝（鸡肝、猪肝）、金枪鱼、鲷鱼、鲣鱼、油甘鱼（鲫鱼）、乌贼、章鱼、扇贝、蛤仔、赤贝

菠菜、油菜花、小油菜、胡萝卜、山药（家山药等）、扁豆、芹菜

血虚的人都营养不足。
积极地食用一些补血的食材吧。

瘦身汤＋辅助食谱

用辅助食材做点果汁和小菜吧。

在胡萝卜汁中加入……

苹果胡萝卜汁

胡萝卜可以促进消化，对食欲不振、便秘很有效果。

→做法请看 P46

羊栖菜和胡萝卜

煮羊栖菜和胡萝卜

羊栖菜可以补血，还可以促进血液循环和水分的代谢。

→做法请看 P76

盐曲风味的腌章鱼

章鱼有很强的抗氧化作用，可以促进肠胃的消化功能。

→做法请看 P72

水分不足

阴虚型

阴虚指的是给身体带来湿度的“阴”气不够，水分不足的状态。
原因有很多，比如睡眠不足、年龄变大等。随着更年期的临近，这些症状更容易出现。
喉咙很渴，皮肤、关节等身体的各个部位都很干燥，容易便秘。
注意不要吃太多辣的食物，食用一些补充水分的水果和蔬菜吧。

适合你的是？＋

辅助食材

水果和其他

苹果、香蕉、鸡蛋、牛奶、豆腐、银耳、芝麻（黑、白）、松子、瓜子、蜂蜜、橄榄油、枸杞

肉和鱼虾贝类

猪肉、牡蛎、扇贝、贻贝、鲍鱼

蔬菜

小油菜、菠菜、西红柿、黄瓜、生姜

注意控制不要吃太多辛辣食物，
食用一些给身体带来水分的食材吧（补阴食材）。

瘦身汤＋辅助食谱

用辅助食材做点果汁和小菜吧。

例 如

黑芝麻

黑芝麻香蕉汁

黑芝麻可以润肠，对改善因寒症导致的便秘有显著效果。

→做法请看 P48

白芝麻和菠菜

凉拌菠菜

菠菜可以补血，
还可以给身体带来水分。

→做法请看 P79

猪肉

煮猪肉

猪肉可以补气、补血，给身体带来水分。还可以恢复体力。

→做法请看 P68

气滞型

气循环较差

气滞指的是因为压力等原因，使气的流动停滞的状态。
体内平衡遭到破坏，腹部胀痛，喉咙阻塞，一直觉得不舒服的状态。
还伴有睡不着等精神方面的不适。让“气”循环起来非常重要。
进行适当的运动和芳香疗法，吃一些促进“气”循环的食材吧。

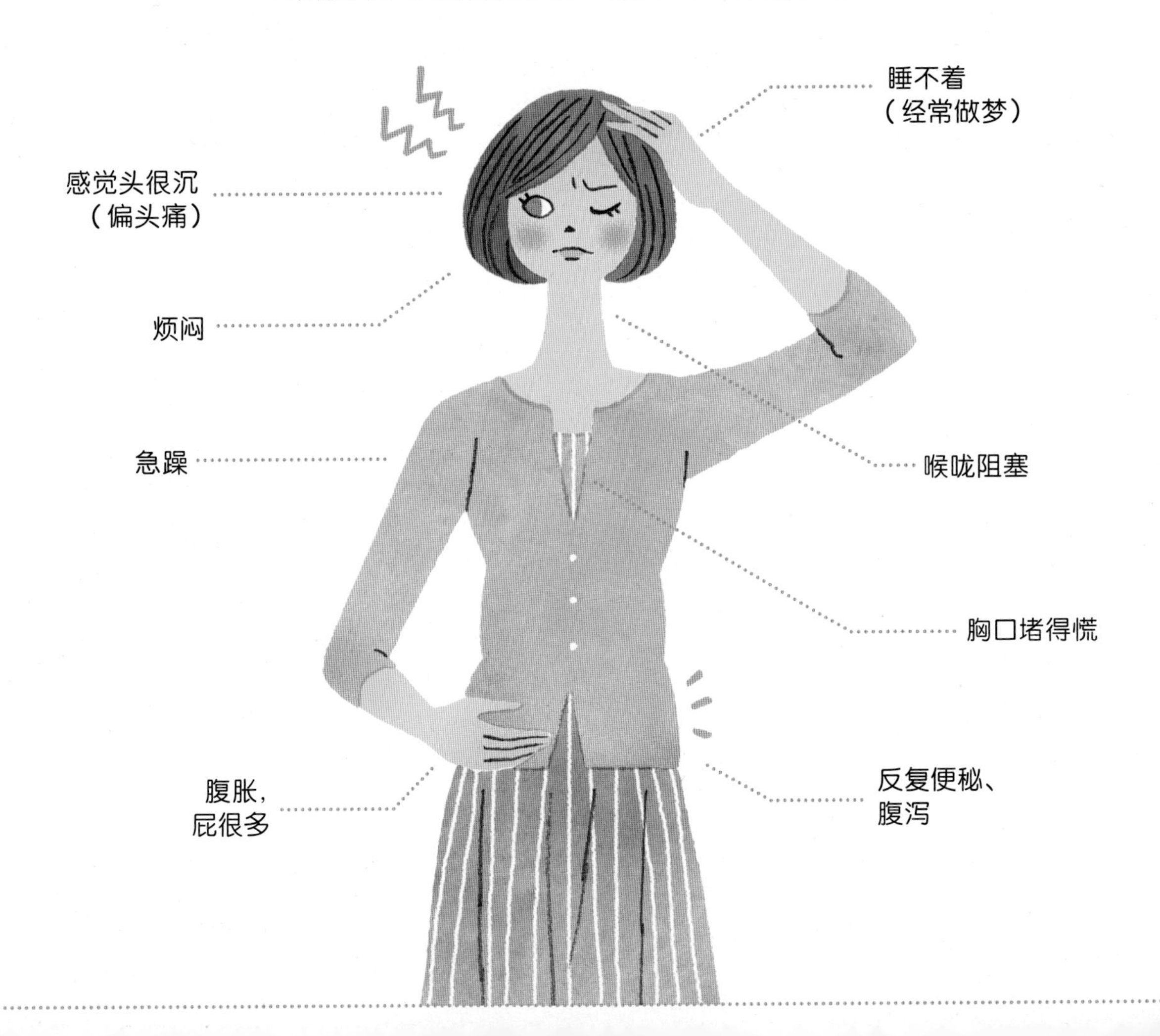

适合你的是？ ＋辅助食材

肉 鸡肉

蔬菜 洋葱、大葱、白萝卜、油菜花、芹菜、茼蒿、牛蒡、青椒、红辣椒、野蒜、韭菜、荷兰芹、野姜、绿紫苏、生姜、毛豆、豌豆

水果和其他 柑橘类（甜橙、橘子、西柚、柚子）、猕猴桃、金桔、荞麦、红豆

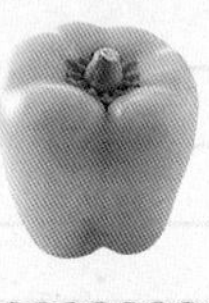

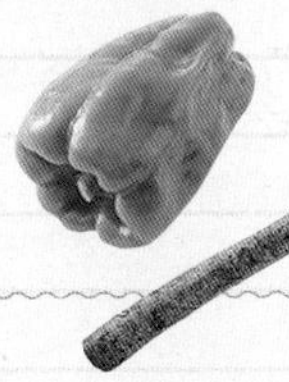

气滞是因为压力等原因产生的。
积极地食用一些加快气循环的食材吧。

瘦身汤＋辅助食谱

用辅助食材做点果汁和小菜吧。

例如

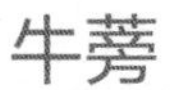

牛蒡

牛肉和牛蒡的时雨煮

牛蒡含有丰富的纤维，对于改善便秘有显著效果。能够促进气的循环。

→做法请看 P67

西柚

西柚生姜汁

西柚中含有丰富的维生素 C 和缓解疲劳的柠檬酸。能够促进气循环。

→做法请看 P49

野蒜

盐腌野蒜

野蒜能够促进气的循环，具有驱寒的功效。

→做法请看 P74

淤血型

血循环较差

淤血指的是因为压力、寒症等原因血液循环变差，垃圾在血液中堆积的情况。
脸变得非常黑，容易长痘痘或褐斑，淤血的地方有时候也会疼。
让血液循环起来非常重要。
进行适当的运动和半身浴，吃一些有暖身和促进血液循环作用的食材吧。

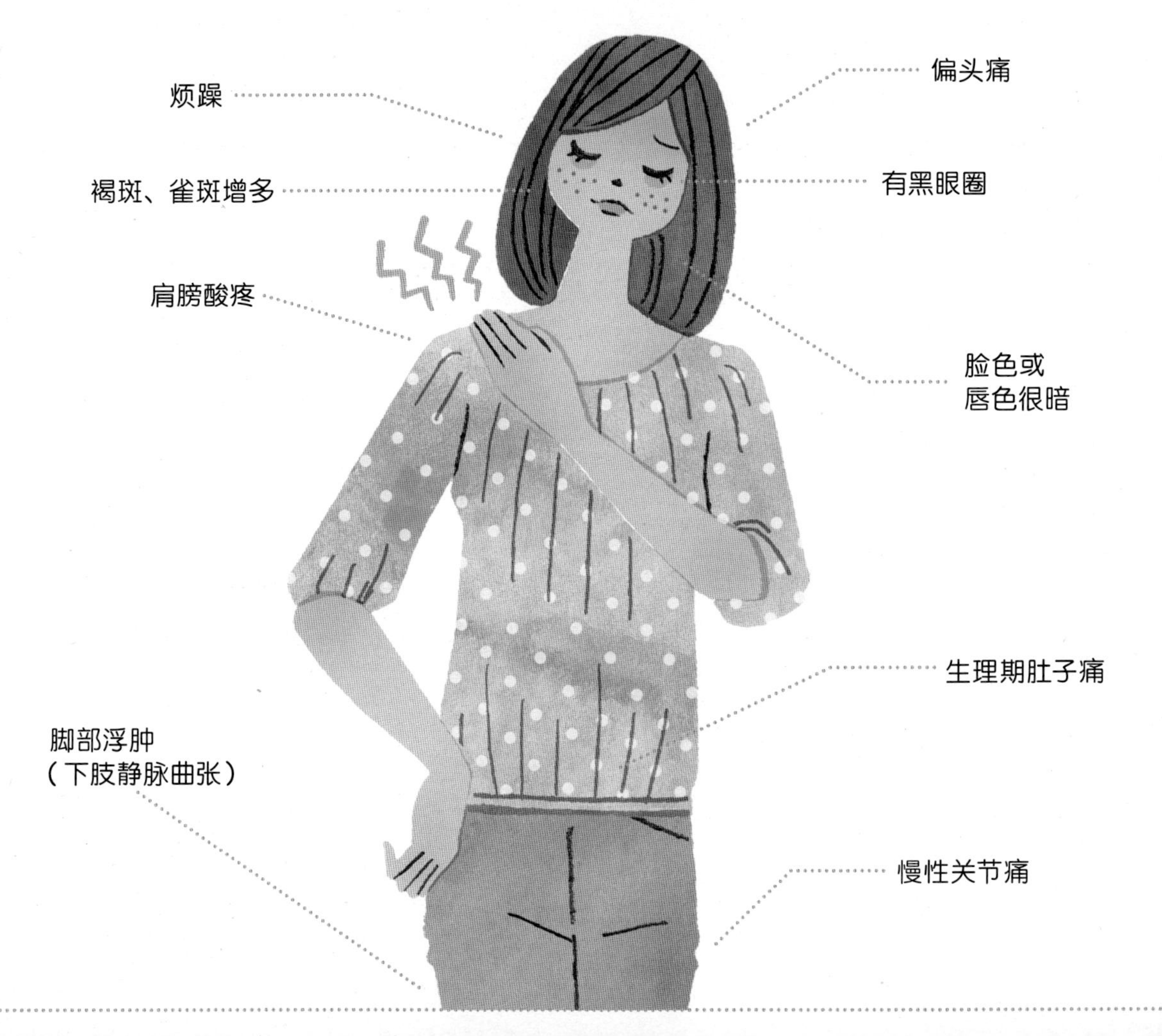

适合你的是？ ＋辅助食材

鱼虾贝类 竹荚鱼、三文鱼

蔬菜 小棠菜、空心菜、洋葱、青椒、藕、牛蒡、白萝卜、萝卜干、圆菜头、茄子、白菜、圆白菜、韭菜、野蒜、大蒜、生姜、艾草、茭菰、香菇干

其他 黑木耳、豆豉、豆腐渣、酒、醋

血液循环较差。
积极地吃一些具有暖身效果和能够促进血液循环的食材。

瘦身汤＋辅助食谱！

用辅助食材做点果汁和小菜吧。

例 如

醋

黑醋腌萝卜干

醋可以补血。对寒症引发的生理痛等非常有效。

→做法请看 P75

醋

猕猴桃酸味饮料

醋可以促进血液循环，消除淤血。

→做法请看 P47

小棠菜

坚果拌小棠菜

小棠菜可以促进血液循环。调整肠胃，提高代谢。

→做法请看 P79

水分堆积，代谢很差

痰湿型

痰湿指的是体内水分循环停滞的状态。
身体里堆积多余的水分，代谢变差，是引起浮肿、腹泻、寒症等症状的原因。
进一步恶化，还会出现呼吸器官和消化器官的不适，咳嗽不止，伴随腹胀，没有食欲。
吃一些有利尿作用、促进气循环的食材吧。

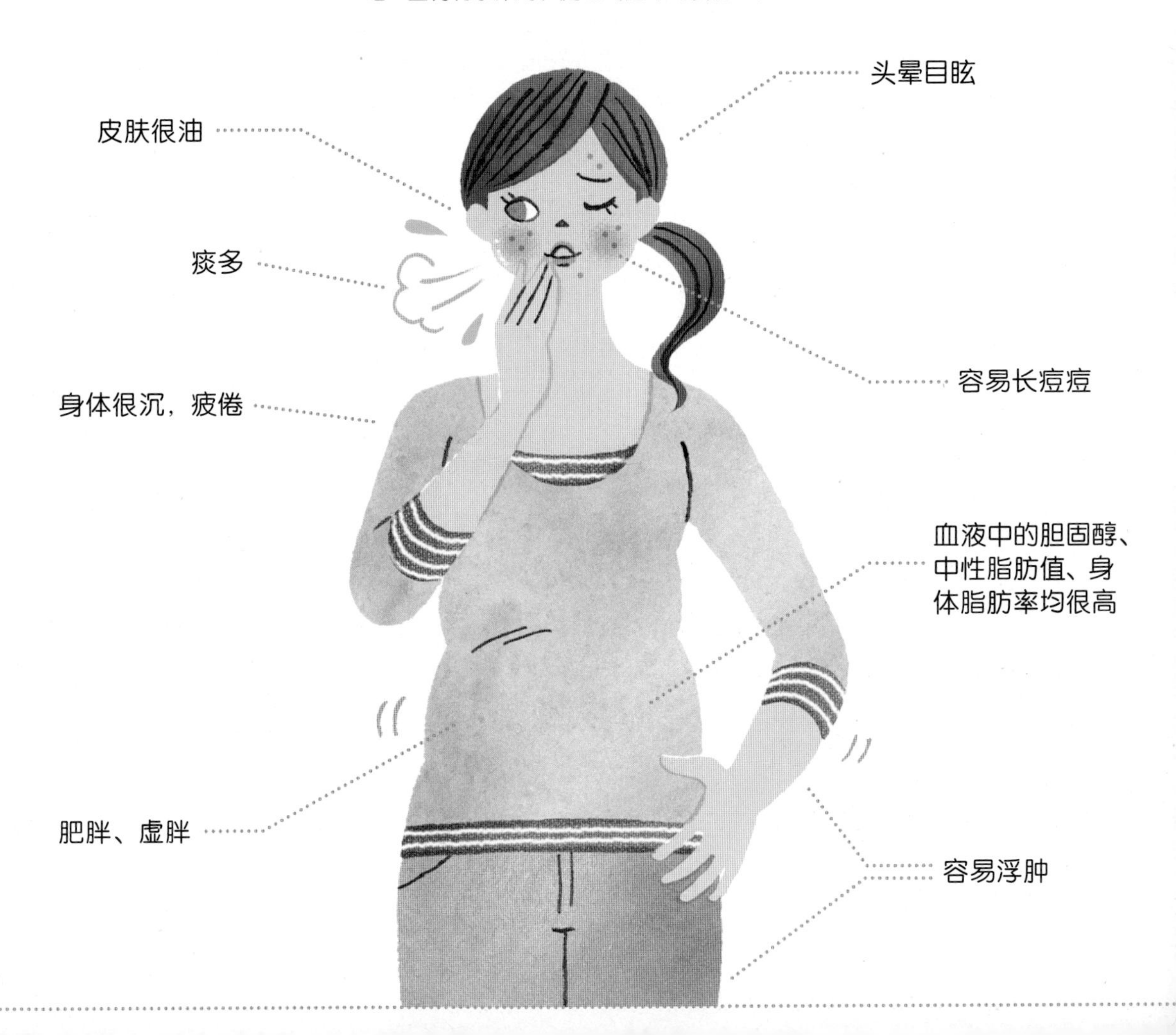

适合你的是？＋辅助食材

鱼虾贝类　蛤仔、文蛎

蔬菜　芋头、白萝卜、萝卜干、竹笋、玉米、冬瓜、茼蒿、扁豆、芥末、芦笋、黄瓜、豆芽、香芹菜、生姜

水果和其他　枇杷果、梨、柿子、大豆、豆乳、海带、紫菜、银耳、银杏果、红豆

代谢变差，水分在体内堆积。
多吃一些有利尿作用、能够让气循环起来的食材。

瘦身汤＋辅助食谱！

用辅助食材做点果汁小菜吧。

例　如

豆乳

小油菜和黄豆粉的豆乳饮料

豆乳可以补血，是一种高效补水食材。

→做法请看 P49

大豆

大豆和菜花的腌菜

大豆利尿，具有排除体内多余水分的作用。

→做法请看 P73

用酵素的力量改善体质!

蔬菜 & 水果 酵素果汁 酸味饮料

生的蔬菜和水果中含有的丰富的酶，对食物的消化是非常必要的。早上喝果汁可以促进肠蠕动，排出体内堆积的毒素。下面，我们按照中医的不同体质，来给大家介绍。

【 材料 】（一人份）

苹果…1/2 个　　胡萝卜…1/2 个

柠檬汁…适量　　蜂蜜…适量

水（最好用矿泉水）…1 杯

*可以根据自己的喜好改变材料的用量和比例。

苹果胡萝卜汁

比起高级的电动榨汁机，我们推荐您使用能够补充纤维的榨汁机和搅拌器。

血虚

1 切食材

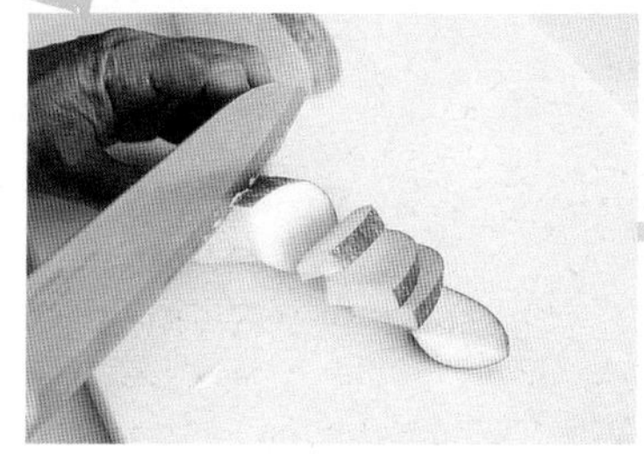

胡萝卜洗净，切成大小适中的片，苹果也洗净，将中间的核取出，带皮切成适当大小的片。

2 放进榨汁机

把步骤1处理好的材料和等量的水一起放进榨汁机里。

3 充分搅拌

搅拌大约30秒，完成。放一段时间之后果汁会氧化，所以要立刻喝。

1 切食材

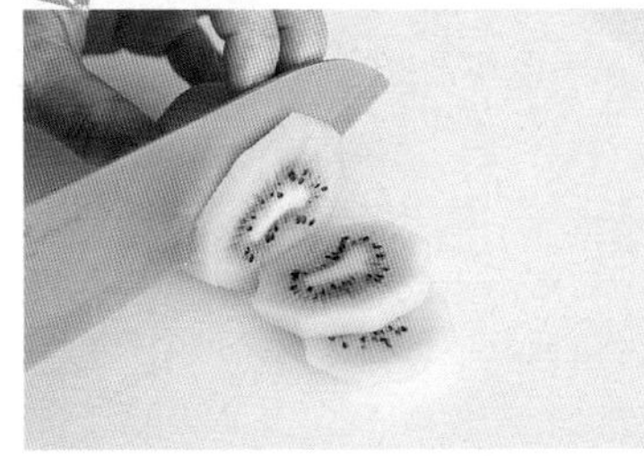

将猕猴桃剥皮，切成适当的大小。

2 加醋

将切好的猕猴桃放进可以密封的广口瓶，倒进苹果醋。也可以根据个人口味加入柠檬汁和蜂蜜。放进冰箱里保存（大约可以保存一个月）。

3 调和味道之后饮用

往耐热玻璃杯里倒两大勺腌制好的猕猴桃醋，及适量腌制的猕猴桃，最后倒进100mL的开水，搅拌。

淤血

【 材料 】（容易制作的分量）

猕猴桃…2~3 个　苹果醋…250mL
柠檬…适量　蜂蜜…适量

*夏天喝凉的也没关系。
加入牛奶更好喝。

猕猴桃
酸味饮料

用醋腌制水果时，推荐您使用苹果醋等果醋。因为促进血液循环的醋和水果组合在一起对缓解疲劳很有帮助。水果可以选择您喜欢的草莓、蓝莓、桔子等，也可以使用时令水果，寻找您喜欢的味道吧。

只喝一杯，营养足够！

山药黑芝麻汁

【 材料 】（一人份）

家山药…80g　　黑芝麻末…10g
牛奶…一杯　　蜂蜜…适量

【 做法 】

❶ 家山药去皮，切成适当的大小。
❷ 把切好的家山药同其他的材料一起放进搅拌机。

香蕉的香甜让果汁变得更美味。

黑芝麻香蕉汁

【 材料 】（一人份）

香蕉…半根　　黑芝麻末…10g
牛奶…一杯　　蜂蜜…按照喜好

【 做法 】

❶ 香蕉去皮，切成适当大小。
❷ 把剥好的香蕉和其他材料放进搅拌机。

富含维生素 C

西柚生姜汁

【 材料 】(一人份)

西柚…1 个
柠檬…半个
水…一杯
生姜片…一片
蜂蜜…根据喜好

＊也可以把西柚换成橙子或橘子。

【 做法 】

❶ 西柚去皮，取出核。
❷ 把处理好的西柚和其他的材料放进搅拌机。

用黄豆粉增添风味!

小油菜和黄豆粉的豆乳饮料

【 材料 】(一人份)

小油菜…1/4 捆
黄豆粉…一大勺
蜂蜜…少许
豆乳…1 杯 ~1 杯半
柠檬汁…少许

＊把小油菜换成菠菜也很好吃。

【 做法 】

❶ 把小油菜洗干净，切成适宜长度。
❷ 把洗好的小油菜和其他的材料放进搅拌机。

用酵素果汁提高瘦身效果！

一周时间让你越来越瘦！

瘦身汤和酵素果汁的食用方法

早餐、晚餐各一杯

在早餐中加入酵素果汁

吃一周

吃再多也没问题

想要更快、更顺利地提高瘦身效果，请您一定要尝试在早餐中加入果汁这个方法。

这个强化计划里规定早餐只有瘦身汤或生的蔬菜或者百分之百的果汁。

如果使用市场上出售的果汁，请选择不含糖的果汁。

想要提高效果，推荐您把果汁换成亲手制作的酵素果汁。

一周内进一步引发瘦身力量！

瘦身汤的食用三定律

1 早餐一杯瘦身汤或酵素果汁，晚餐一杯瘦身汤和一个饭团

早餐和晚餐时各喝一杯瘦身汤，早餐的瘦身汤也可以换成酵素果汁。晚餐喝一杯瘦身汤、吃一个小饭团。如果一杯汤不够，再吃点也没问题。您想吃多少杯就可以吃多少杯。

2 午餐请吃您喜欢的食物

早餐和晚餐吃瘦身汤，午餐您可以随便吃米饭和配菜，肉和鱼也没问题。但是，肉请选择低脂肪、高蛋白的部位，与油炸相比，蒸煮等烹饪方法更好。推荐您尽量把米饭作为主食。

3 坚持一周，每天食用

先尝试一个星期，在这期间，排出体内毒素，做好瘦身准备。除了体重会发生变化外，还会有大便变通畅、体质得到改善的感受。

想要效果更佳，请核对这些要点 饮食生活需要注意的地方

soup+drink

or

- ☑米饭推荐您使用带壳的米或糙米（做法请看 P62）
- ☑肉和鱼，与油炸相比，蒸煮等烹饪方法更好
- ☑请喝水、茶等不含糖分的饮品
- ☑控制加餐，想吃甜食时，在温水或茶中加入蜂蜜饮用
- ☑一周之内禁止喝酒

用瘦身汤和酵素果汁
进一步提高瘦身力量！

一周强化
计划日程

如果您已经完成了瘦身汤的一周基本计划，请尝试加入酵素果汁的强化计划吧。
这个计划和基本计划一样，极端也不可取。
结合自己的身体状况和食欲进行调整，坚持下去吧。

确认这里

早餐、晚餐各一杯瘦身汤。或者，早餐的瘦身汤换成酵素果汁。汤不够，再添几份都可以。晚餐的饭团请用糙米或者酵素糙米做（请参照P62）。

确认这里

白天的主菜吃肉、鱼虾贝类、大豆制品等，以补充蛋白质。星期一吃肉，星期二就吃鱼虾贝类，星期三吃大豆制品，按照这个顺序，营养就会变得均衡。主食推荐您吃米饭。

确认这里

注意不要喝太多冷水（冰水）、绿茶、咖啡等会使身体变冷的东西。推荐您喝红茶、薏米茶、玉米茶、红豆茶、黑豆茶、粗茶等。（关于这些茶，请参照P89）。

确认这里

加餐基本上是不允许的。想喝甜饮品时，可以在温热的饮品中放一些蜂蜜。

一周基本计划日程表

	1 第一天	2 第二天
早餐	瘦身汤  or 酵素果汁 根据体质挑选不同的辅助食材	瘦身汤  or 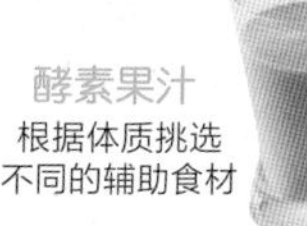 酵素果汁 根据体质挑选不同的辅助食材
午餐	吃什么都可以 主要是  鱼虾贝类 or 肉 大豆制品 主食选择米饭比较好	吃什么都可以 主要是  鱼虾贝类 or 肉 大豆制品 主食选择米饭比较好
晚餐	瘦身汤  ＋ 小饭团一个 饭团用糙米或者酵素糙米	瘦身汤  ＋  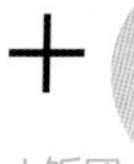 小饭团一个 饭团用糙米或者酵素糙米
＋α	不含甜料的饮品  想喝甜饮品时，就在温热的饮品中加入少许蜂蜜	不含甜料的饮品  想喝甜饮品时，就在温热的饮品中加入少许蜂蜜

3 第三天	4 第四天	5 第五天	6 第六天	7 第七天
瘦身汤  or  酵素果汁 根据体质挑选 不同的辅助食材	瘦身汤  or  酵素果汁 根据体质挑选 不同的辅助食材	瘦身汤  or  酵素果汁 根据体质挑选 不同的辅助食材	瘦身汤  or  酵素果汁 根据体质挑选 不同的辅助食材	瘦身汤 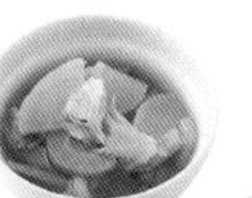 or 酵素果汁 根据体质挑选 不同的辅助食材
吃什么都可以 主要是  鱼虾贝类 or 肉 大豆制品 主食选择米饭比较好	吃什么都可以 主要是 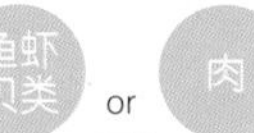 鱼虾贝类 or 肉 大豆制品 主食选择米饭比较好	吃什么都可以 主要是  鱼虾贝类 or 肉 大豆制品 主食选择米饭比较好	吃什么都可以 主要是  鱼虾贝类 or 肉 大豆制品 主食选择米饭比较好	吃什么都可以 主要是  鱼虾贝类 or 肉 大豆制品 主食选择米饭比较好
瘦身汤  ＋ 小饭团一个 饭团用糙米或者酵素糙米	瘦身汤  ＋ 小饭团一个 饭团用糙米或者酵素糙米	瘦身汤  ＋ 小饭团一个 饭团用糙米或者酵素糙米	瘦身汤  ＋ 小饭团一个 饭团用糙米或者酵素糙米	瘦身汤  ＋  小饭团一个 饭团用糙米或者酵素糙米
不含甜料的饮品  想喝甜饮品时， 就在温热的饮品中 加入少许蜂蜜	不含甜料的饮品  想喝甜饮品时， 就在温热的饮品中 加入少许蜂蜜	不含甜料的饮品  想喝甜饮品时， 就在温热的饮品中 加入少许蜂蜜	不含甜料的饮品  想喝甜饮品时， 就在温热的饮品中 加入少许蜂蜜	不含甜料的饮品  想喝甜饮品时， 就在温热的饮品中 加入少许蜂蜜

专栏 1

帮你健康地瘦下来

温和的中医基础

在第二课的一周强化计划中，除了瘦身汤减肥法之外，我们还根据中医理论，介绍了不同体质适合的酵素果汁和辅助食材。

那么，中医是什么呢？

它和西医又有什么区别呢？

在这里，我们给大家介绍一下中医的理论。

作为帮您健康减重计划的辅助力量，一定会发挥作用的。

治疗“未病”正是中医擅长的领域

“一直感觉很累”“睡不着”“感觉头很沉”“没有食欲”等，虽然是不至于去医院的病症，但是这种情况却一直持续着。这就是“未病”，很多女性身上都有这种症状。

未病是心脏和身体内部的平衡遭到破坏时发出的信号。在西医里，大多数不会把它们当做治疗对象，但是，治疗这种“未病”却是中医的擅长领域。

西医治疗的是体内的异常部分。例如，因为胃痛去医院，就会进行胃部的检查和治疗。只治疗不舒服的地方，这就是西医基本的理论。

各国不同的“汉方”

在不同国家，对“汉方”的称呼也大不相同，其特征也都多种多样。在中国称其为“中医学”，日本称为“汉方医学”，韩国则称之“韩方医学”。但不论哪一个，都是以中国古代的传统医学为基础，各自发展而成的。

本书第二课介绍的“鉴别不同体质”的方法就是以中医学为基础的。

中医看的不是病，而是病人

为了弄明白这个人为什么胃痛，中医会从体格、脸色、眼睛或指甲的颜色、舌头的状态等整个人的情况来寻找病因。这样诊断的，不仅仅是不舒服的部位，还能发现其他部位的不适，找到生病的根本原因。

说起中医，大家想起的应该是中药吧？中医不仅仅包括中药，还包括药膳、针灸、气功、按摩、养生法等。

融汇了大自然原理准则的“阴阳五行说”

中医里最重视的是调整身心平衡，提高自然治愈力。支撑这种想法的就是“阴阳论”和“五行说”这两个理论组成的“阴阳五行说”。

“阴阳论”就是认为这个世界上的任何东西都分为阴和阳两部分的理论。例如，天和地，昼和夜，对立的东西取得阴阳的平衡被认为是理想的状态。

“五行说”是把自然界的原理原则运用到身体。具体指的是自然界中的所有东西分为木、火、土、金、水，它们相生相克，保持平衡的同时还变化循环的理论。这两个理论与人们的身体和精神相适应，如果这种平衡遭到破坏，人就会生病，这就是中医的理论。

专栏1

构成身体的“气”“血”“水”

中医在诊断病症的时候用的就是由气、血、水这三个要素构成的生理机能相关的理论。“气”是生命能量；“血”是把能量运往全身的血液及其功能；“水”是除了血液以外，给身体带来水分的体液。

三者相辅相成，相互控制，关系密切，在整个人体内部循环。三者恰当循环的良好状态才是健康，循环不畅身体就会产生不适。

“五脏”衰竭，症状就会出现

身体内部的机能中与阴阳五行说相对应的就是“五脏”，即：肝、心、脾、肺、肾。如果“气、血、水”是在身体内循环的能量，五脏就发挥着从食物中获取营养，制造气、血、水，把它们运往全身并储存起来的功能。但是，它们指的并不一定是心脏或肝脏等脏器。

例如，肝不等于肝脏，它指的是包括肝脏机能在内、更广范围的身体机能。

构成身体的三个要素

* 气、血、水在相互保持平衡的同时，循环全身。

第三课

米饭和小菜
配套吃，效果更显著！

给你带来健康和魅力的“+α”配方

—— 帮助计划篇 ——

只要有蔬菜丰富的瘦身汤，再加上米饭和小菜，你的菜单营养就会变得十分均衡。

在这一章里，我们以瘦身汤的研发者——冈本羽加的饭桌为样板，给大家介绍让你变得更加漂亮的配方。

满载美丽和健康！

漂亮和神采奕奕的饭桌是？

冈本羽加老师的饭桌上，满是“漂亮”和“神采奕奕”的食物，
现在给大家介绍老师的珍藏配方，和瘦身汤一起食用，能够让你变得更加美丽。

用酵素糙米让你由内而外地漂亮起来

冈本羽加老师的身材之苗条、皮肤之好让人震惊。她的秘诀似乎就是“好好吃早餐”。

最引人注意的是，冈本老师常年在早餐中食用糙米和小豆发酵制成的酵素糙米。

冈本老师说：“这种米不像一般糙米那么硬，比较容易消化，而且耐饥。我比较喜欢发酵了五天的糙米，很香。”

早餐要好好吃！

把瘦身汤、酵素糙米、凉拌青菜等作为饭桌上的常备饭菜。梅干也是必不可少的。梅干里的柠檬酸可以加强肝脏功能，提高排毒功效。

*酵素玄米的制作方法请看 P62，关于常备饭菜请看 P64~79。

纠正饮食生活，健康和美丽就会随之而来

酵素糙米、蔬菜含量十足的瘦身汤、凉拌青菜组成的常备菜，再加上一个梅干，营养丰富，给你充分的满足感。晚餐时再加一个主菜，变成两菜一汤，饮食会更加均衡。

早餐要吃一些生蔬菜和水果，因为这些水果和蔬菜中不仅含有丰富的酶，还是保持青春的源泉。

“我每天早上都喝一些用新鲜蔬菜和水果榨的果汁。”

只要加入果汁，就可以打造一个完美的健康饭桌。

“无论是健康还是减肥，保持身心的平衡都是很重要的。以食物为契机，纠正生活中的不良习惯与健康息息相关。”

含有丰富的维生素、矿物质和食物纤维!

对便秘、美肌、减肥具有显著效果!

超越糙米的酵素糙米是?

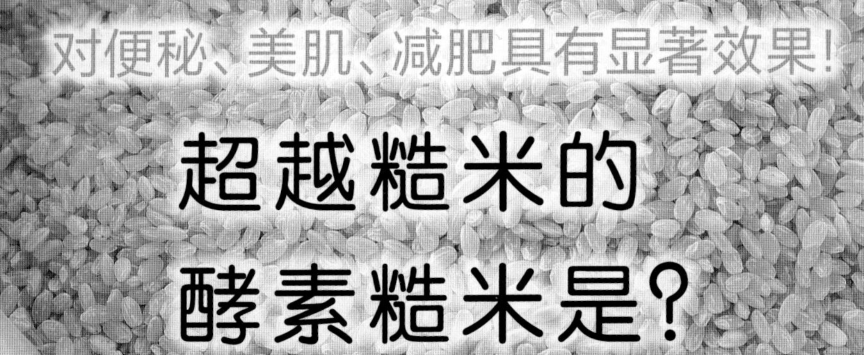

具有消水肿和利尿作用!

有股怪味道、不容易消化……
弥补了糙米所有缺点的就是酵素糙米。
谁都可以轻松制作，美味十足，效果显著。
酵素糙米和富含蔬菜的瘦身汤结合在一起，
立刻让你得到最强的“健康饭桌”。

弹性十足而且非常美味的酵素糙米。不喜欢吃糙米的人也可以轻松吃下，强烈推荐给大家哦。
可以用电饭煲轻松制作也是它的魅力。（做法请看 P62）

用红豆来弥补糙米的不足

以B族维生素、钾等维生素和矿物质为首，糙米中含有丰富的植酸钙镁这种抗氧化物质。除此之外，糙米中还含有丰富的食物纤维。营养之丰富，简直可以称为“完美食品”。

大家对于糙米的印象大都源自它特殊的味道和干干巴巴的口感。倘若使用酵素糙米，那么大可不必担心。酵素糙米，味道好闻，口感香甜醇厚，弹性十足。它比普通的精米更容易消化，也不会给肠胃增添负担。

酵素糙米是在糙米中加入红豆做成。红豆的味道能够与酵素糙米相辅相成，中医也认为红豆是具有很强的消肿、利尿功效的食材。把红豆和糙米组合在一起，不仅能够减轻肠胃负担，口感也会更加香醇。

弥补了糙米所有缺点的“超级糙米”，这就是酵素糙米。

2~3天之后会大量排便，清理肠道

吃酵素糙米很容易有饱腹感，又能耐饥，作为瘦身汤的辅助食材是最合适的。体质得到改善，自然而然就不会想吃甜东西或油腻的东西。

酵素糙米清理肠道的功能非常出色。开始吃两三天之后，就会让你体验从来没有过的大量排便，这就是排出体内毒素的证据。只要肠道变干净了，血液也会变干净，皮肤问题也会渐渐减少。

用电饭煲就可以做出
美味的酵素糙米！

酵素糙米的制作方法

酵素糙米用家里一般的电饭锅就可以轻松做出来。只要掌握窍门，就可以成功做出弹力十足、美味的酵素糙米！

【 材料 】

糙米…600mL

红豆…1/3 杯

盐（天然盐）…大约两小勺

1 淘米

把坏的拣出来，淘一下。淘好的米放进小盆里，把洗净的红豆和盐加进去。

2 顺时针均匀搅拌

加水至没过糙米，用搅拌器顺时针搅拌。速度大约两秒一圈。

3 开始做饭、发酵

把步骤 2 中的糙米放进电饭煲，加入的水要比糙米模式时多一点，浸泡30分钟以上后开始做饭。焖好后，搅拌全部的米饭。

4 发酵结束

一天一次上下搅拌米饭。三天后即可开食，一天吃1~2次。

放的时间越长越好吃!

酵素糙米是这样完成的!

酵素糙米放的时间越长越好吃。一直保温，基本上是不会坏的。
“这是真的吗?”想必有很多人都这样想吧。
是没有问题的。它会变得弹性十足而且非常好吃。让我们一起看一下它的变化吧。

1 第一天

还干巴巴的

干巴巴的，米粒一粒粒都是分开的，特别脆。没有精米那种黏糊糊的感觉，用勺子盛着吃也干巴巴的，一粒粒掉下去。

有咸味，勉强算好吃。
米粒只有糙米的味道。

糙米的味道很浓。
与普通的精米饭的味道完全不一样。

2 第二天

变得有弹性了

整体都变得有弹性。
用勺子盛也不会立刻往下掉。

变香了，还有一股甜味。
糙米的味道已经淡了很多。

很香，味道十分好闻。
几乎感觉不到糙米的怪味道。

3 第三天

变得香喷喷，而且弹性十足

全部都变得有弹性。
不仅仅是软，还很有嚼劲。

甜味变浓。
说是糙米饭，其实更接近红豆糯米饭的味道。

完全感觉不到糙米的味道。
香味很浓，味道好闻。

在第一课、第二课给大家介绍过一周计划之后，现在让我们回到普通的饮食上。与以前相比，应该自然而然地变得不那么想吃肉和油炸食物等。为了健康地瘦下去，营养均衡的饮食非常重要。在这里，给大家介绍些许肉、鱼、蔬菜等小菜，提前做好这些小菜对菜单的制作十分有益。如果能灵活运用，会大大缩短做饭的时间，经济实惠，而且营养十足。

瘦身汤+主菜、副菜，提高营养价值！

肉、鱼虾贝类和蔬菜的珍藏食谱

和瘦身汤一块喝，均衡营养！

渐渐习惯美味的瘦身汤，
用肉或者鱼虾贝类做主菜，
再加上凉拌小菜、醋腌小菜等副菜，
制作属于你自己的营养均衡菜单吧。

肉

低脂肪、高蛋白是减肥的关键词。摄入过多的动物脂肪，会加快动脉硬化，选择里脊肉、大腿肉、瘦肉等脂肪较少的部位，食用量也要适当地控制。少吃高热量的油炸食物，用蒸煮等料理方法控制热量。

鱼虾贝类

低脂肪高蛋白的白肉鱼、含有EPA、DHA的青背鱼（EPA是二十碳五烯酸，DHA是二十二碳六烯酸，二者皆具有很好的抗氧化作用）、含有丰富牛磺酸的乌贼和章鱼、铁元素较多的贝类等，把这些加进你的菜单里，让你的菜单变得丰富多样。和肉一样，鱼虾贝类也要蒸、煮、烧，以抑制其中的能量。

大豆·大豆制品

大豆和大豆制品中含有丰富的高蛋白，营养价值也很高。其特有的成分——异黄酮，可以稀释血液，融化血栓，是对人体健康非常好的食品。利用水煮罐或干燥袋保存大豆可以省去泡发大豆的时间，缩短料理时间。高野豆腐、豆腐渣等豆制品中含有很多食物纤维，推荐您把它当做常备家常菜哦。

蔬菜·蘑菇·海藻等

蔬菜对于预防肥胖和动脉硬化以及安定血糖值都是不可缺少的。各种蔬菜组合在一起，一天的摄入量大约是一杯（350g）。瘦身汤里是以根菜类为主的，以摄取量容易不足的青菜类为中心制作家常菜，营养也能够变均衡。低热量且矿物质丰富的蘑菇、海藻，也希望您能积极地活用。

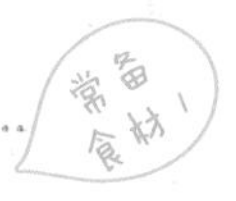

鸡肉火腿

保存和调整

移到密封容器里，在冰箱里放4~5天。把鸡肉和汤汁分开放进冷冻保存袋，再放进冰箱里三个星期。此时鸡肉已经有盐味儿，可以直接切开，再加上一些生的蔬菜或者热蔬菜。把鸡肉撕成小块，加一些凉拌小菜或者沙拉，汤汁里加上蔬菜或者鸡蛋也非常美味。

鸡肉 气虚 气滞

在肉类中，鸡肉的肉质很软，且易消化吸收。因为不会给肠胃增加负担，所以没有食欲的时候推荐您吃这个。它还可以暖胃，促进血液循环。鸡皮中含有丰富的胶原蛋白，具有很好的美肌效果。

【 材料 】（容易制作的分量）

鸡胸肉…三块（800~900g）

A
- 酒…2~3大勺
- 盐…1.5~2大勺
- 蜂蜜…1大勺
- 大蒜末…1小勺
- 胡椒…少许

【 做法 】

❶ 把鸡肉放进厚塑料袋中，加入上述佐料，用手反复揉搓，使佐料的味道渗进鸡肉里。然后在冰箱里放半天或者一晚，味道就会更好地渗透。

❷ 在锅里添3L的水，煮沸，把腌好的鸡肉放进去，煮开之后，把汤汁表面的油脂撇清，换成小火煮大约 5分钟。关火，冷却。

汤汁煮开后再放牛肉，这样煮出的牛肉质地松软。再加上牛蒡和生姜，会更加美味！

牛肉和牛蒡的时雨煮

保存和调整

移到密封容器里，然后放在冰箱里可冷藏4~5天。放进冷冻保存袋中，再放进冰箱里冷冻可保存一个月。也很适合跟同火锅或者鸡蛋汤一起吃。也可以包在生菜里，或者跟生的蔬菜一起凉拌，做成蔬菜沙拉。

【材料】（容易制作的分量）

切成小块的牛肉…450g
牛蒡…1~2个
A | 蜂蜜和水…各3大勺
  | 酱油和料酒…各3大勺
B | 生姜丝…50g
  | 用料酒腌过的花椒…2小勺

【做法】

❶ 牛蒡去皮，洗干净，切成薄片，快速下水煮一下，控水。
❷ 把A里佐料放进锅里，开火，煮开之后，把步骤❶的牛蒡放进去，稍微煮一下。
❸ 在步骤❷的锅里加进牛肉和B中的佐料，煮到几乎没有汤汁为止。然后移到小盆里，冷却。

牛肉   

牛肉含有丰富的铁，能够使骨骼和肌肉变得更加强壮。它还可以加强肠胃功能，对于改善精力不足也非常有效果。

牛蒡 

牛蒡具有降低血压、抑制胆固醇的作用，可以促进气的循环。

煮猪肉

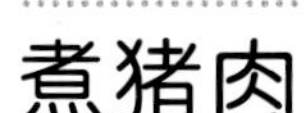

保存和调整

把一整块猪肉（或者切成小块），连同汤汁移到密封容器里，在冰箱里放 4~5 天。取出，切成小块，连同汤汁一起放进冷冻保存袋，可在冰箱里冷冻存放 3 个星期。切成适当的大小，连同辣白菜一起卷在青菜叶里，弄成烤肉风格。可以和葱丝拌在一起。也可以切碎，当做炒饭的配菜食用。

猪肉 血虚 阴虚

猪肉中含有丰富的维生素 B_1，维生素 B_1 可以提高碳水化合物的代谢，所以猪肉是十分适合减肥的食材。它具有缓解疲劳的效果，还能够补血，对于改善虚弱的体质也十分显著。在肠道里，猪肉里的脂肪也会变成润滑油，改善便秘。

【材料】（容易制作的分量）

猪腿肉…800~900g
色拉油…少许

A
- 水…2 杯
- 酒…1 杯
- 大葱（葱叶部分）…2 根
- 生姜（带皮切成薄片）…5~6 片

B
- 酱油和蜂蜜…各 5 大勺
- 牡蛎酱汁…1 大勺
- 花椒（有的话）…适量

【做法】

❶ 整块猪肉用叉子刺一下，平底锅中加入沙拉油，油热了以后，把猪肉放进去。

❷ 把步骤❶中的猪肉移到锅里，加上A中的佐料，煮开之后，盖上盖，一边撇除表面的汤汁，一边煮大约20分钟。把B中的佐料加入，再煮20分钟，熄火。

❸ 取出猪肉，把汤汁煮得少一点。然后再把猪肉放回去继续煮，煮好后放着冷却。

去除多余的脂肪再放进锅里炒，
不仅降低卡路里，更有利于保存。

常备食材 4

生姜烧猪肉

保存和调整

移到密封容器里，可在冰箱里冷藏 3~4 天。再放进冷冻保存袋里，可在冰箱里冷冻一个月。直接加上圆白菜丝或者青菜叶子，和快速翻炒的洋葱一起吃很好吃。也可以切碎作炒饭的配菜。

生姜   

生姜能够提高新陈代谢，温暖身体，调整肠胃状态。还可以促进血液循环，提高体力和免疫力。对于鱼虾贝类，还具有解毒功效。

【 材料 】（易于制作的分量）

薄片猪腿肉…300g
芝麻油…少许

A
- 生姜末…1片的分量
- 酱油…1大勺
- 料酒…2大勺
- 蜂蜜…1大勺

【 做法 】

❶ 平底锅里放进芝麻油，加热。用中火或小火炒猪肉。多余的脂肪用厨房用纸擦掉。

❷ 待肉的颜色改变之后，把搅拌好的A中的佐料放进去，让佐料沾到肉上。移到小盆里冷却。

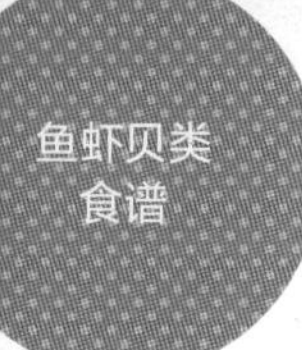

洋葱醋腌
烤三文鱼

保存和调整

移到密封容器里，放在冰箱里 4~5 天。放到冷冻保存袋里，再放进冰箱里 3 个星期。直接这样吃或者再加一些蔬菜都可以。凉的也很好吃，推荐您把它作为便当的配菜。

三文鱼  气虚 淤血

红色部分中的虾青素具有很强的抗氧化作用，能够抑制低密度胆固醇的氧化。它还可以暖身，促进消化，提高水分代谢，消肿，促进血液循环，对于寒症的改善也十分有效果。

【材料】（易做的分量）

新鲜三文鱼…6块
盐…适量
洋葱…1个
红辣椒…半个
色拉油…少许

A
- 鲜汤汁…1杯
- 酒和料酒…各1.5大勺
- 酱油…3.5大勺
- 红辣椒（去籽）…2个
- 柚子皮（细条）…半个

【做法】

① 在三文鱼块上撒盐，把每一大块均匀地切成三小块。

② 洋葱切成薄片，红辣椒切成细丝，和A中的佐料一起放进小盆里。

③ 在平底锅中放入色拉油，等油热了以后，把三文鱼块的两面都烤一下。然后，放进步骤②中小盆里，腌渍大约30分钟，使肉入味。

黏糯的甜辣味炖煮鱼肉。
用新鲜的鱼提前做好，吃起来也很方便。

炖煮金目鲷

保存和调整

移到密封容器里，在冰箱里放3~4天。再放进冷冻保存袋里，然后在冰箱里放3个星期。加上一些煮青菜、西兰花，在汤汁里添上一些鲜汤汁再放一些煮好的豆腐进去，还可以增加这道菜的分量。

金目鲷 气虚 血虚

含有丰富的高质量的蛋白质，和丰富的能够补气、补血的氨基酸。而且，低脂肪、低热量。还容易消化，对肠胃很好。

【材料】(易做的分量)

金目鲷（或者比目鱼）…4块

A
- 水…半杯
- 酒…1/4杯
- 酱油…两勺半大勺
- 料酒…两勺半大勺（两勺半大勺）
- 黑砂糖（粉末）…2/3大勺
- 生姜片…1片

【做法】

❶ 在金目鲷的身体上割几个十字的裂口。

❷ 把A中的佐料放进锅里，点火。煮开了之后，把步骤❶里的鱼肉放进去，偶尔往鱼肉上浇一些汤汁，煮大约15分钟。熄火，冷却。

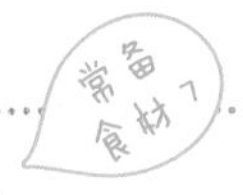

盐曲风味的腌章鱼

【材料】(易做的分量)

煮好的章鱼(腿)…2~3个(100g)
小番茄…8~10个

A | 洋葱丝…半个洋葱
  | 醋、盐曲、橄榄油…各两大勺

【做法】

❶ 章鱼切成一口能够吃下的大小，小番茄上的蒂去掉，切成两半。
❷ 把A中的佐料放进碗里，步骤❶里的章鱼加进去搅拌，腌30分钟以上，使之入味。

＊没有盐曲，用盐也可以。用一小勺就够了，要控制一下味道。

保存和调整

移到密封容器里，在冰箱里放2~3天。因为小番茄会出水，所以事先不放小番茄(食用时再放)，更有利于保存。还可以冷冻保存，放进冷冻保存袋里3个星期。把小番茄换成芹菜或者辣椒，把章鱼换成乌贼也很好吃。

章鱼 血虚

章鱼是补血的食材。章鱼中含有丰富的牛磺酸，牛磺酸可以抑制胆固醇值的上升，促进消化，还对缓解疲劳有显著效果。章鱼中还含有丰富的胶原蛋白，有助于皮肤和黏膜的新陈代谢。

大豆和菜花的西式腌菜

利用醋的抗菌作用，
制作高保存性的西式腌菜。
把你喜欢的蔬菜和大豆
一起腌渍吧。

保存和调整

放在阴暗处一个星期，然后在冰箱里放 3 个星期。材料都泡在醋渍液里，味道、口感就都不会改变，可以保存 3 个月到 6 个月。大豆和洋葱、胡萝卜、黄瓜、小番茄、莲藕、牛蒡等蔬菜一起腌比较好吃，也可以选自己喜欢的。

大豆  痰湿

大豆中含有高蛋白、B 族维生素，食物纤维也十分丰富。对于改善便秘、缓解疲劳、美化肌肤都具有显著的效果。它还可以促进水分的代谢，对于消肿十分有效。

菜花  气虚

西兰花、圆白菜等油菜科的蔬菜是补气的食材。可以促进肠胃功能，改善虚弱体质，缓解疲劳。

【 材料 】（易做的分量）

煮熟的大豆（水煮罐）…100g
菜花…1个
辣椒（黄）…1个
A
- 醋和水…各1杯
- 蜂蜜…3~4大勺
- 粗盐…1小勺
- 红辣椒（撕碎）…1个
- 胡椒…6~8粒
- 月桂叶…1片

【 做法 】

❶ 把菜花分成小块，煮时稍短，使其保持硬度。辣椒切成和菜花差不多一样的大小。
❷ 把步骤❶里的食材和控过水的大豆一块放到保存瓶里，把A的腌渍液煮开之后，倒进瓶子里。

只用盐腌渍就可以的轻松配方。
味道酸爽，口感清脆。

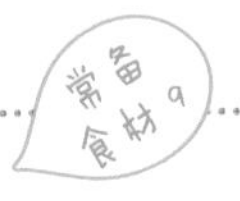

盐腌野蒜

保存和调整

可以在阴暗处保存三个月到半年。直接只腌野蒜也可，和黄瓜一起腌也可，都很好吃。除了盐腌之外，还可以用甜醋或者酱油腌。材料准备好之后（参照做法 1），不用盐腌，直接泡进甜醋等里面也可。

野蒜能够促进气的循环，具有去冷、减压作用。对于因寒症、压力引起的腹痛也十分有效果。它还可以促进血液的循环，改善淤血。对于预防生活习惯病很有疗效。

【 材料 】（易做的分量）

野蒜（净重）…300g
粗盐…30g
红辣椒…2个

【 做法 】

❶ 把野蒜一粒粒地剥出来，洗干净。控水，去皮，切掉根部和胚芽。
❷ 把❶里的野蒜放进碗里撒满盐。
❸ 把撒上盐的野蒜移到保存瓶里，加上两杯辣椒和水，盖上盖子。一天摇一次瓶子，使盐溶化，置于阴暗处保存。

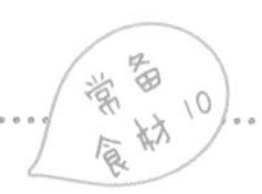

黑醋腌萝卜干

保存和调整

放在冰箱里 3~4 天。因为黄瓜会出水，所以先不放黄瓜，可以延长保存时间。等吃的时候再加入黄瓜。除了黄瓜之外，加点胡萝卜丝、海带丝也会很好吃。

【 材料 】(易做的分量)

干萝卜丝…50g
黄瓜…1根

A
- 泡干萝卜丝时用的汁液…1/4杯
- 黑醋…半杯
- 黑砂糖粉（或者蜂蜜）…3~4大勺
- 酱油…2~3大勺
- 带皮的生姜粒…20g

【 做法 】

❶ 用水把萝卜干泡发，控过水之后，切成容易吃的大小。黄瓜切丝，稍微撒一些盐，使萝卜变软。

❷ 把A中的佐料放到保存容器里，再把步骤❶里的萝卜干放进去腌渍。翌日便可食用。

干萝卜丝  

萝卜里含有丰富的钙、B 族维生素、食物纤维。对于改善便秘、缓解疲劳、美化肌肤都有十分显著的效果。它还可以促进水分的代谢，对消肿也很有效。

黑醋 

用糙米制作的醋。与其他的醋相比，其中所含的成分多了 10 倍。黑醋还可以促进血液循环和新陈代谢，对于缓解疲劳、防止老化也十分有效果。

常备食材11

煮南瓜

【 材料 】(易做的分量)

南瓜…半个
汤汁…1.25~2 杯
A | 酒…1 大勺
  | 酱油…2 小勺

【 做法 】

❶ 南瓜去籽，稍微去一下皮，切成2cm大小的四方块。
❷ 把南瓜放进锅里，加水至浸过南瓜，开火。水煮开后，改成小火，然后把A中的佐料放入，慢煮10~12分钟。熄火，冷却。

保存和调整

移到保存容器里，放到冰箱里保存 3~4 天。移到保存容器里，放到冰箱里保存 3~4 天。去除水分,可以提高保存时间。也可以加上一些芝麻末或者鲣鱼末。

食材笔记

南瓜 气虚

黄色的果实部分是 β 胡萝卜素，具有很强的抗氧化作用。它还可以暖和身体，补气，促进血液循环。能够改善慢性疲劳、肩膀疼痛和便秘等症状。

常备食材12

煮羊栖菜和胡萝卜

【 材料 】(易做的分量)

羊栖菜…10g　胡萝卜…200g
A | 水…1/4杯
  | 料酒…2大勺
  | 芝麻油…1/2到2小勺
  | 淡酱油…2小勺
  | 白芝麻…适量

【 做法 】

❶ 用水把羊栖菜泡发，切成容易食用的大小。胡萝卜切成5~6cm长度的细丝。
❷ 把切好的羊栖菜和胡萝卜连同A中的佐料一起放进锅里，盖上锅盖，开火。煮开之后，把火调小一些，煮5分钟。拿掉锅盖，煮干汤汁，撒上芝麻。熄火，冷却。

保存和调整

移到保存容器里，在冰箱里放 3~4 天。尽量去除水分，提高保存性。新鲜的羊栖菜也可以。

食材笔记

羊栖菜 血虚

羊栖菜里含有丰富的铁和钙。还可以补血，所以对于贫血很有效果。羊栖菜还可以促进血液循环和水分代谢，对消肿也十分有效。

大量使用美味十足、营养十足的菌类，调成甜辣味，是非常好吃的菜哦。

菌类拼煮

保存和调整

移到保存容器里，在冰箱里放4~5天。再放到冷冻保存袋里用冰箱保存3个星期。当作米饭的配菜，肉或者鱼虾贝类的配菜都是很好吃的。和煎鸡蛋一起吃，或者和萝卜泥一起吃也很好吃哦。

菌类中富含矿物质、食物纤维，而且低热量。可以降低胆固醇和中性脂肪值，对预防肥胖和糖尿病也十分有效。还含有很多可以提高免疫力的维生素D。

【 材料 】（易做的分量）

生香菇…4到5个
蟹味菇…2包
金针菇…2袋

A
- 汤汁…2杯
- 酒、酱油…各两大勺
- 蜂蜜…4小勺
- 生姜末…20g
- 红辣椒（切成圈）…2个

【 做法 】

❶ 香菇四等分，每3~4个蟹味菇分成一堆。金针菇二等分或者三等分切开。
❷ 把A中的调料放到锅里，开火。煮开之后，加入蘑菇。煮的过程中，搅拌一下，煮到没有汤汁为止。关火，冷却。

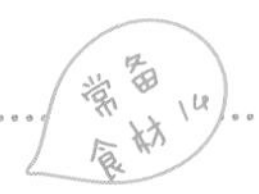

腌渍山药

保存和调整

放在冰箱里 3~4 天。就这样当做副菜和肉或者鱼一起吃。和煮青菜一起吃也可以。除山药之外，芦笋、仓术、西兰花、油菜花，这些菜腌一下也很好吃。

山药 气虚 血虚

家山药、日本山药、佛掌山药、野山药等，形状、黏度不一样的山药有很多。山药中含有消化酶、淀粉酶，具有调整肠胃功能的作用。山药可以给五脏中的脾肺肾补充气、血、水，能够滋养身体，缓解疲劳。还可以抑制血糖值的上升，对预防糖尿病也有效果。

【 材料 】(易做的分量)

山药…2根

A
- 汤汁…1杯
- 料酒…1大勺
- 酒…大半勺
- 淡酱油…1~2小勺

【 做法 】

❶ 把山药带皮切成棒状直接放到火上烤。

❷ 把A中的佐料煮开，熄火，冷却。

❸ 把步骤❷中的汤汁放到储存容器里，把山药放进去。

坚果拌小棠菜

小棠菜 淤血

小棠菜里含有丰富的、具有强抗氧化作用的β胡萝卜素。能够冷却体内多余的热量。还可以调整肠道的状态，提高代谢。

保存和调整

移到保存容器里，在冰箱里放3~4天。再放到冷冻保存袋里，在冰箱里放3个星期。就这样当作副菜，和肉或者鱼一起吃。青菜也可以换成自己喜欢的，比如茼蒿、小油菜、油菜花等。

【材料】（易做的分量）

小棠菜…2个

A
- 花生米粒…2大勺
- 酱油…1小勺多一点
- 料酒…1小勺
- 生姜末…半片的分量
- 盐…1/3小勺

【做法】

❶ 把小棠菜分成一片一片的，快速煮一下，然后控水。把菜叶和菜梗分开，都切成容易吃的大小。

❷ 把A中的佐料和小棠菜都放到碗里，然后拌一下。

摄取量容易不足的青菜类。把这些青菜做成拌菜食用，可以轻松补充营养。

凉拌菠菜

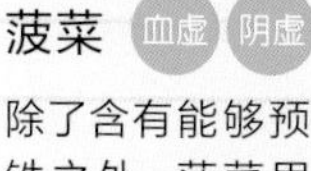

菠菜 血虚 阴虚

除了含有能够预防贫血的铁之外，菠菜里还含有丰富的维生素和矿物质。菠菜还可以补血，调整肠道功能。

【材料】（易做的分量）

菠菜…一把

A
- 葱花…大约10cm的大葱
- 蒜末…大约1片的分量
- 酱油…1小勺
- 盐…1/4小勺
- 芝麻油…1大勺
- 白芝麻末…1.5大勺

【做法】

❶ 快速煮一下菠菜，控完水之后，切成容易吃的大小。

❷ 把A中的佐料放到碗里，菠菜也放进去，拌一下。

想进一步了解这个问题！

瘦身汤 “不知道怎么办才好？”的 Q&A

“汤的材料可以改变吗？”“可以一次做很多吗？”
等等，在此，一举解决大家关于瘦身汤的疑问！
最后让我们一起学习一下吧。

Q1 我只有小锅……

A 只要锅能盖上盖子就可以。

瘦身汤里，4杯汤汁就可以煮很多蔬菜。把汤汁和材料放进去，锅里8分满就足够。盖上锅盖，慢慢熬煮，窍门是加一点调味料来引发蔬菜的美味。

能够使材料均匀受热的厚底锅最好，但只要够深，也可以用平底锅。用小锅时，分量就减到P12基本瘦身汤材料的一半吧。

道具和保存

Q2 汤可以保存吗？

A 每天热一下就没问题。

基本上，一个大锅里的瘦身汤的量是3~4杯。早餐和晚餐各喝一杯时，就是两天的量。如果两天的量，就把汤冷却一下，盖上盖子，放到冰箱里。吃的时候，从冰箱里拿出来，加热即可。

锅选择锅盖能够正好合上的锅。本书中使用的是直径 22cm、26cm 的铁锅。还有不锈钢、搪瓷等材质的。推荐您使用厚底锅。

Q3 必须每天都做吗？

A 提前做好也没问题。

可以提前做好。例如，在周末时把要吃的菜都做好。这样，只要一天加热一次，然后连同锅一起放到冰箱里保存。或者，分成小份放到密封容器里，冷藏保存起来更方便食用。

用带有盖子的密封容器保存，吃的时候也方便。若保存在比较大的容器里，每次分出来一次吃的量就可以了。

吃的时候，把要吃的分量弄到小锅里加热。

使用菜汤专用的保温瓶会比较方便。把热好的瘦身汤分好，趁热放进去。

Q4 我想把瘦身汤做成便当……

A 密封容器，就可以随身带着。

把瘦身汤放进密封容器里，这样出门的时候您也可以吃到。实际上，有人把它当做便当食用。给瘦身汤加热，冷却后，移到密封容器里，凉的瘦身汤也很好喝。如果您去的地方有可以加热的设备，就热一下再吃吧。夏天时，推荐您用汤汁或酱汤专用的保温容器。

Q5 用于调味的天然盐是？

A 海水晒过之后得到的海盐。

盐的种类多种多样，但我们还是选择海水晒干之后得到的优质天然盐。天然盐中含有许多镁、钾等现代人缺少的矿物质。这种盐有一股甜味，可以使料理变温和。

与精盐相比，天然盐具有很强的去除活性氧的作用，也具有暖身的功效。瘦身汤就不必说了，做酵素糙米的时候也用这种天然盐吧。

天然盐中含有丰富的矿物质，具有调整体内矿物质平衡的作用。

酱油

冷却体内多余的热量，具有暖身作用。用大豆、小麦、盐曲花费 1~2 年慢慢发酵而成的酱油，更香更有味道。

Q6 改变瘦身汤的口味时，用任何味噌和酱油都可以吗？

A 尽量用天然酿造的。

用家里的调料也可以，但是，如果是买新的，我们建议买用古法天然酿造的调味料。天然酿造的调味料是耗时许久酿出来的，具有独特的风味。因为是手工制作的，所以有些贵，但是是用在饭菜里的东西，趁着这个机会尝试其他的材料吧。

味噌

具有排除体内多余的水分的作用，对食欲不振、消肿等也有效果。根据曲的种类不同，又分为米酱、麦酱、豆酱。和酱油一样，选择以大豆、麦曲或者米曲、盐为原料，经过 8 个月到 1 年发酵而成的酱比较好。

醋

醋具有降低血压、控制血糖值、缓解疲劳的功效。以糙米为原料酿造的黑醋具有很高的营养价值。吃一些当季的柑橘类果汁或者橙汁也很好。

Q7 做鲜汤汁时用的水不能用自来水吗？

A 放一天，挥发掉水分中的氯气吧。

汤汁

鲜汤汁基本上用海带和鲣鱼煮出的汤汁。在汤里直接加海带和鲣鱼干也可以。

烹调食品用的水我们推荐用天然的矿泉水，但是，因为每天都用，所以用自来水也可以。用自来水，就先放一天 ，挥发掉水中的氯气。

制作上等的汤汁，激发出蔬菜本身的风味。选择矿泉水时，请尽量选用没有经过加热处理的水。加热处理会使养分流失。

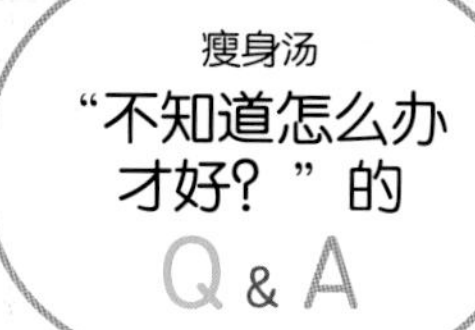

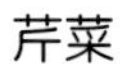

芹菜

芹菜中含有丰富的钾、钙等矿物质。与茎相比，叶子里含有的维生素更多，推荐您切成小块食用。

圆白菜

圆白菜中富含能够强化黏膜的维生素 U。对胃溃疡和十二指肠溃疡很有效果。加热的话，去除活性氧的作用会变成原来的 5 倍。

西红柿

具有强抗氧化作用番茄素可以稀释血液。使用含有很多红色素——番茄素的成熟西红柿是提高效果的诀窍。

青椒

即使加热，青椒里的维生素 C 也不容易遭到破坏。它可以紧致肌肤，预防褐斑。发挥出色的美肌效果。

Q8 食材中有我不喜欢的蔬菜。可以换成其他的吗？

A 调味或者用其他的方法来掩盖它的味道。

放进瘦身汤里的食材，互相增强效果，发挥出色的力量。因此，换材料，效果可能会减弱。只是，只要不使用食用油和砂糖，怎么调整味道都可以，把不喜欢的蔬菜的味道掩盖掉怎么样呢？本书中的瘦身汤是对以前的瘦身汤材料进行改变之后的升级版。旧版中的配菜有胡萝卜、洋葱、圆白菜、西红柿、青椒、芹菜这六种蔬菜。最后把生姜加进去这一点是一样的。这个组合也有排毒效果，要不要试一试呢？

含有六种蔬菜的瘦身汤的做法

【 材料 】(3~4 杯的分量)

洋葱…2个
芹菜…半根
圆白菜…1/4个
西红柿…2个
胡萝卜…半根
柿子椒…1个
水[1]…1.5L～2L

A
海带[2]…3g
鲣鱼干…5g
鸡架熬制的汤…小半勺

生姜末…半片的分量
盐（天然盐）…少许

＊ 1 使用矿泉水或者是放了一天的自来水。
＊ 2 中途把海带取出来，切成适当的大小食用或处理掉。

【 做法 】

❶ 蔬菜切成容易食用的大小。
❷ 把A中的佐料和步骤❶里的蔬菜，再加上1L水放进锅里，一块煮。煮开之后，换成中火，盖上盖子，煮大约20分钟。汤汁变少，就适当的加一些水。
❸ 蔬菜变软后，用盐调味。关火，取下，吃之前加入生姜。

瘦身汤
“不知道怎么办才好？”的
Q & A

Q9 一周计划结束后，可以吃普通的饭吗？

A 养成习惯，在吃饭之前先喝一杯瘦身汤。

在第一课和第二课里，我们为“想更快的看到效果”“想大幅度减肥”的人介绍了一周计划。瘦身汤具有即刻起效的特性，喝了之后，大便变通畅，一周之内确实可以减2~3kg。

一周计划结束后，请将瘦身汤当作每日必备继续食用。早餐、午餐、晚餐，什么时候吃都可以，三餐都吃也可以，只早餐和晚餐时吃也可以。但是，要注意的是要在吃饭之前先喝瘦身汤。先吃蔬菜可以预防血糖值的急剧上升，最先吃瘦身汤又可以提高满足感，抑制食物。

只要先吃瘦身汤，小菜和米饭就可以自由食用。适当的增加肉、鱼是可行的，再摄取一些使营养均衡的碳水化合物和蛋白质。肉和鱼要尽量用蒸煮等料理方法做，这样可以提高减肥效果。米饭推荐您选择糙米或酵素糙米，这样可以摄取较多的食物纤维。结合自己的身体和食欲进行调整并坚持下去是成功减肥的窍门。

一周计划结束后，这样吃饭效果更佳！

窍门1 想吃多少碗都可以
觉得瘦身汤很好吃，
吃多少杯都可以。

窍门2 一定要在吃饭之前喝瘦身汤
吃饭之前喝瘦身汤，
饭量也会自然而然地得到调整。

窍门3 小菜和米饭也要吃
也要摄取碳水化合物
和蛋白质，调整均衡营养。

Q10 坚持多长时间才会出效果呢？

A 最少也要1~2 个月。

快的人大概一周就会感觉到便秘、寒症、皮肤问题等得到了改善。只是，代谢比较差的人不容易减重，又存在个体差别，所以，我们推荐您最少也要坚持食用瘦身汤1~2个月。

Q11 实施一周计划时，有需要忌口的食物吗？

A 除了午餐之外，遵守基本原则。

午餐吃什么都可以是基本的原则。早餐和晚餐则除了海藻、蘑菇等低热量的食物以外，什么都不要吃比较好。

Q12 吃得很饱，真的没有问题吗？

A 越吃效果越好。

瘦身汤可以清洁肠道和血液，激发全身细胞的活性，提高代谢。因此，体质方面也会变成燃烧脂肪的体质，越吃越能减肥。瘦身汤非常容易做，请一定要试试。

Q13 可以喝酒、吸烟吗？

A 我们的原则是禁酒、禁烟。

一周之内请忍一下不要喝酒，也不要吸烟。这样可以更加有效地排出体内的毒素，减肥效果也更显著。

Q14 有不能吃瘦身汤的人吗？

A 什么人都可以吃。

汤的材料是蔬菜，从孩子到老人，什么人都可以吃。瘦身汤具有减肥效果，对改善寒症、便秘、肩膀疼痛等症状也有效果，所以很多年龄段的人都可以吃。只是，有宿疾、正接受医院的饮食指导的人，请事前咨询医师。

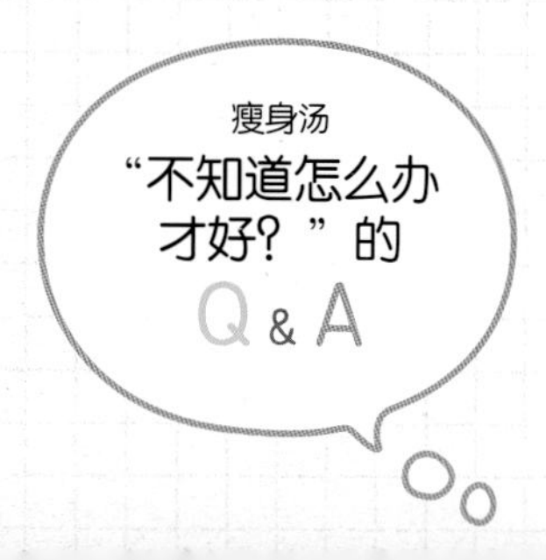

Q15 我忍不住想吃甜食……

A 在温热的饮料里加蜂蜜。

为了减肥和改善体质，过度摄取糖分很不可取。控制不吃甜食才是明智的选择。特别是用面粉制作的饼干、蛋糕等更是不能吃。麻烦的是，很多食物中都含有砂糖，要注意检查确认。

想吃甜食时，在温热的饮料里加一些黑砂糖或者蜂蜜，天冷的时候喝。水果或者本身含有甜味的红薯、南瓜、板栗，花生米、核桃、杏仁等。它们含有丰富的抗氧化物质——维生素E，具有美化肌肤、预防老化的功效。

想吃甜食时，就利用蜂蜜或者黑砂糖。蜂蜜能够提高消化吸收功能，还可以润肠，使大便变通畅。

水果和干果也是我们推荐的食物。只是，要注意干果等零食热量较高，不要吃太多。

零食，我们推荐有嚼劲的果实类，要注意选择没有使用砂糖、食盐加工的。

Q16 我想喝茶……

A 选择不含糖分的茶。

请选择水、茶、黑咖啡等不含甜料的饮品。我们建议您尽量喝具有暖身效果的饮品，例如红茶、乌龙茶、薏米茶、玉米茶、玉米须茶、红豆茶、黑豆茶等，我们特别推荐的是放了生姜的红茶。喝不下去的时候，就在印度奶茶或加奶的红茶里加一些生姜，加少许蜂蜜也可以。

茉莉花茶、玫瑰花茶等花草茶也可以。花草茶可以促进气的循环，缓解压力（对于减肥来说，压力是禁忌）。

另一方面，虽然咖啡、绿茶具有降低人体温度的作用，也不是一点都不能喝。咖啡可以提神，舒缓心情，消除不安，而绿茶则具有促进消化的作用。只要温热之后，一天喝1~2杯是没有问题的。吃完饭之后喝1~2杯，然后再喝花草茶或者加了生姜的红茶吧。

我们推荐您选择不含糖分的东西，温热之后饮用。

酵素糙米

糙米生命力极强，营养丰富。我们推荐您用不含农药的糙米。

Q17 一直放在电饭煲里真的没问题吗？

A 可以长期保存。

只要持续保温的话，基本上糙米是不会腐烂的，可以半永久性保存。只是，时间越长，水分越来越少，糙米会越变越干。最好在10天之内吃完。如果有异味出现，请停止食用。

一天使劲儿搅拌一次，调成保温状态就可以长期保存。

Q18 我吃不下去糙米……

A 酵素糙米，不喜欢吃糙米的人也没问题。

糙米的主要成分是碳水化合物，但外皮和胚芽部分含有丰富的维生素、矿物质和食物纤维。糙米的营养价值比精白米高，食物纤维的含量约是精白米的6倍，具有缓解疲劳效果的维生素B_1的含量也大约是精白米的5倍。

保留糙米营养的精白米有五分捣、七分捣等含有外壳的米和胚芽米。这些米与糙米比更容易吃，营养价值也较精白米高，推荐给不习惯糙米的人。但是，如果是本书中介绍的酵素糙米，绝对不会有吃不下去或者难消化这样的问题。吃一下酵素糙米你就会感觉到它远远比精白米更香甜。

Q19 红豆以外的豆类可以吗?

A 我们推荐您用红豆。

用红豆以外的豆类也可以制作酵素糙米。只是，红豆的味道可以很好地跟酵素糙米融合，中医中也认为红豆具有出色的消肿作用。我们推荐您最好用红豆。

含有丰富的维生素 B1，具有缓解疲劳的作用。钾具有利尿作用。红豆还有抗氧化作用。

Q20 可以冷冻保存吗?

A 解冻时不要用微波炉，而是蒸煮等料理方法。

酵素糙米冷冻起来再吃也十分美味。只是，解冻时，不要用微波炉加热。采用蒸煮等方法，弄成粥比较好。

Q21 烹制一下也没问题吗?

A 您可以自由调整。

烹制之后，效果也不会消失，所以可以做成炒饭、粥、寿司等食物。外出时，也可以做成便当或者饭团，和咖喱也很搭哦。

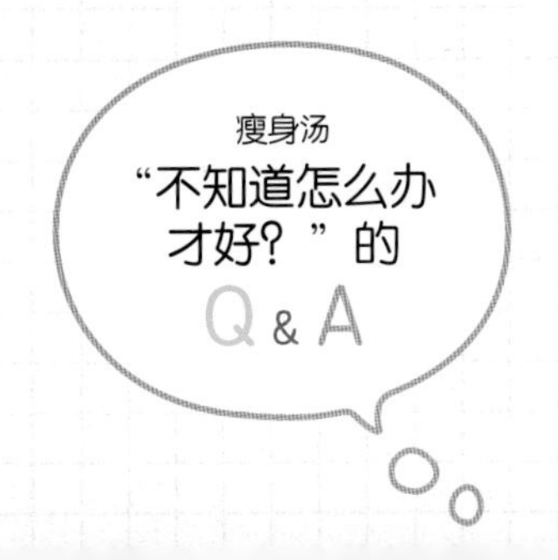

专栏
2

循环血液和能量！

激发细胞活力、提高代谢的呼吸法

压力大的人呼吸比较浅。
浅呼吸容易导致代谢低下和寒症，会给减肥带来坏影响。
在用瘦身汤减肥期间，试一下慢慢地深呼吸吧。
细胞活力十足，代谢得到提高，减肥效果也会增大。

1 用一种舒服且平稳的姿势盘腿坐下。

2 让肚子鼓起来的同时，用鼻子吸气，保持 5 秒。

提高新陈代谢，加速燃烧脂肪减肥呼吸

在静坐的状态下，尝试慢慢的腹式呼吸，可以使用横膈膜，适当地按摩内脏。这样可以提高新陈代谢，脂肪也更加容易燃烧。因为背部肌肉也得到了拉伸，所以对锻炼腹肌、背肌也有效果。只做这些动作，减肥效果就相当明显了。

3 就这样屏住呼吸 5 秒，下腹用力往上移。

4 把肚子吸扁，5 秒钟，从鼻子里把气呼出去。

把瘦身过程记录下来!

瘦身汤
立刻变瘦的
一周日记

P22~23 的一周基本计划、
P52~53 的一周强化计划,
不管你实行哪一个减肥计划,仔细地把早餐、晚餐
是否按时吃了瘦身汤以及午餐吃了什么等这些
情况记载下来,就能够轻松确认自己的减肥计划
是否在按日程进行。
通过把它们记载下来这一行动来提高满足感!
反过来,“吃多了”这样的反省也要记下来!
把下面的记录日记贴在一眼就能看到的地方,活用起来吧!

记入式日记的使用方法

早餐和晚餐请参考空格里的图片,吃瘦身汤、含酶饮料和饭团。午餐,就在“+α”栏写下饮料的种类、是否加了蜂蜜等,把自己吃的所有东西记下来吧。

例子

	1 第一天	2 第二天
	11 月 4 日（星期二） 体重 52.0 kg 体脂肪率 28 %	11 月 5 日（星期三） 体重 51.5 kg 体脂肪率 27.5 %
早餐	汤	酵素果汁
午餐	热蔬菜 ·西兰花 ·菜花 ·芦笋	咖喱味汤
晚餐	味噌风味瘦身汤 糙米饭团	味噌风味瘦身汤 饭团
+α	红茶	红茶

一周基本 & 强化计划 日记

	1 第一天	2 第二天	3 第三天	4 第四天	5 第五天	6 第六天	7 第七天
	月 日 (星期) 体重 kg 体脂肪率 %	月 日 (星期) 体重 kg 体脂肪率 %	月 日 (星期) 体重 kg 体脂肪率 %	月 日 (星期) 体重 kg 体脂肪率 %	月 日 (星期) 体重 kg 体脂肪率 %	月 日 (星期) 体重 kg 体脂肪率 %	月 日 (星期) 体重 kg 体脂肪率 %
早餐							
午餐							
晚餐							
+α							

图书在版编目（CIP）数据

不断食汤谱：7天喝出易瘦好体质 /（日）冈本羽加著；张真真译. -- 南京：江苏凤凰美术出版社，2015.7
ISBN 978-7-5344-9212-9

Ⅰ. ①不… Ⅱ. ①冈… ②张… Ⅲ. ①减肥－汤菜－菜谱 Ⅳ. ①TS972.122

中国版本图书馆CIP数据核字(2015)第131200号

MOTTO DOKUDASHI SHIBOU NENSHOU DIET SOUP

Originally published in Japan in 2013 by SHUFUNOTOMO CO.,LTD.
Chinese translation rights arranged through DAIKOUSHA INC..Kawagoe.
著作权合同登记号：图字10-2015-172

策划编辑　杨晓敏
特约策划　多采文化
责任编辑　曹昌虹
装帧设计　水长流文化
责任监印　徐屹

出版发行　凤凰出版传媒股份有限公司
　　　　　江苏凤凰美术出版社（南京市中央路165号　邮编 210009）
　　　　　北京凤凰千高原文化传播有限公司
出版社网址　http://www.jsmscbs.com.cn
经　　销　全国新华书店
印　　刷　北京艺堂印刷有限公司
开　　本　889mm×1194mm　1/16
字　　数　10千字
印　　张　6
版　　次　2015年7月第1版　2015年7月第1次印刷
标准书号　ISBN　978-7-5344-9212-9
定　　价　29.80元

营销部电话　010-64215835-801
江苏凤凰美术出版社图书凡印装错误可向承印厂调换　电话：010-64215370